今日から
モノ知り
シリーズ

トコトンやさしい

小麦粉の本

パンやうどん、ラーメンにパスタ、餃子の皮、てんぷらの衣、そして、ケーキやクッキーなどのお菓子、その他、多様な場面でいろいろな形で使われている小麦粉。その多彩な活躍の秘密を解き明かします。

大楠 秀樹

B&Tブックス
日刊工業新聞社

はじめに

小麦粉は小麦の粒を砕いて作られる、とてもシンプルな食品素材です。畑で刈り取って穂から脱穀された小麦は、地域の集荷施設で乾燥調整された後、製粉工場に運ばれ、きれいに精選されて少しの水を加えて調質した後で砕かれ製粉されて小麦粉になります。小麦粉は、うどん粉、メリケン粉と別の呼び名があるほど私たちの生活に馴染んでいて、お米よりも多くのものに姿を変えています。うどん、パン、ラーメン、中華饅頭、餃子の皮、ケーキ、クッキー、菓子、天ぷら・から揚げの衣、麩のように小麦粉の存在感があるものから、そばのつなぎ粉、ホワイトソースのように脇役に回っても、私たちの豊かな食生活を支えてくれています。

まな板と包丁が台所から消えるかもしれないと危惧されるような世の中にあって、家庭用小麦粉は減っているのではないかと思われますが、意外なことに、平成18年が14万5千トン、令和3年が14万4千トンとほとんど変化がありません。小麦粉は、私たちが、知っているようで知らない謎多き白い粉なのです。

小麦粉の原料の小麦はどこからやってくるのでしょうか？　ウクライナやロシアなどの東欧の黒土地帯でしょうか？　世界で一番小麦を多く生産している国はどこでしょう。小麦はどこで生まれ、日本ではいつ頃から生産されているのでしょう。小麦を播くのはいつでしょう。冬に麦踏みするのを習ったことがある人は冬の前と思われたのではないでしょうか？　どうして麦踏みは行うのでしょう。小麦粉にも種類があって、天ぷらやホットケーキを焼く小麦粉とホームベーカリーでパンを焼く小麦粉は違いますが、何が違うのでしょうか？　そもそもどうして膨らむのでしょうか？米粉でパンを焼くには大変な工夫が必要ですが、どうしてなのでしょうか？　お米と同じように主食なのに、どうして小麦は粉にして、パンやめんに加工して食べるのでしょう。小麦を粉にせずに食べることはできないのでしょうか。お米も小麦粉製品も太るので控えた方がよいという話は本当でしょうか？　どうして、ずっと食べてきた食品なのにアレルギー表示が必要になるのでしょうか？大麦との違いは何でしょうか？

私たちに身近であって遠い存在の小麦、それを粉にした食品素材の小麦粉、さらに加工した食品であるパン・めん・ケーキなど変化に富んだ小麦粉製品、に関する謎を解いて、食品に関心を持ってもらいたいとの思いから本書の執筆に至りました。

本書では、製粉企業で研究に携わってきた経験から、第1章から第8章のカテゴリにわけて、小麦・小麦粉についてできるだけわかりやすく解説し、前述したいろいろな謎を解き明かしていきます。科学用語を余り使わないように努めましたが、どうしても使わざるを得ない部分もありました。また、確立されていない研究段階の話も盛り込んでいますので、厳密な科学知識を求める方は専門書や文献を参考にしていただくことをお勧めします。本書を手に取っていただいた方々に、小麦・小麦粉の不思議で魅惑の世界に少しでも気付いて興味をもっていただければ幸いです。今後、小麦粉製品を食べるときに、ちょっと豊かな気持ちになることを期待しています。

最後に、資料等のご提供をいただいた株式会社ニップンの皆様に感謝の意を表します。また、日刊工業新聞社の藤井浩様の企画から出版までの辛抱強いご支援に心より感謝申し上げます。

2023年10月

著者

トコトンやさしい

小麦粉の本

目次

目次 CONTENTS

第1章 小麦粉ってどんなものだろう?

第2章 小麦粉の種類

第3章 粗い小麦粉と細かい小麦粉の違いってなに？

第4章 小麦粉は塩で伸びる・塩で締まる

第5章 小麦粉を使った馴染みの食べ物

第6章 イタリアのパスタ・ピザと小麦粉の関係

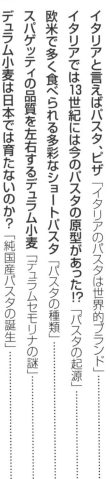

第7章 日本のフランスパンとフランスのフランスパン

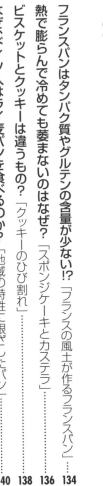

第8章 グルテンフリーの真実と嘘とは

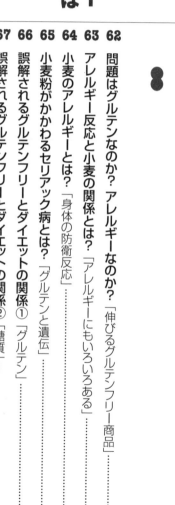

【コラム】

第1章

小麦粉って
どんなものだろう?

1 日本では、小麦はお米の裏作?

小麦の栽培

小麦は、日本ではお米の裏作として栽培されていると習った方も多いと思います。日本での小麦の生産は、1961年（昭和36年）の178万トンをピークに減少し、1973年（昭和48年）には20万トンまで落ち込み、日本から小麦が消えてしまうのではないかと言われていたそうです。その後増加に転じ、2022年（令和4年）の生産量は103万トンで、そのうち66万トンが北海道で生産されて、九州16万トン、北関東7万トンと続きます。

関東以西では、12月から3月初旬は低い草が筋状に生えている麦畑が、3月から4月は青々とした畑になり、4月中旬から穂が出て、5月下旬から6月上旬には黄金色になり、収穫の時期を迎えます。この地域には、関東麦、東海麦、九州麦と呼ばれる、日本で2番から4番の小麦の産地が広がっています。

お米の裏作として栽培する場合、小麦の収穫が終わると畑を急いで水田に変える農作業が待っています。そのため、小麦の収穫が早く終わり、次の準備ができることは農家にとって良いことで、早生の小麦品種が好まれ、さらには小麦よりも生育期間が短い大麦を栽培する農家もいます。

小麦は土の酸性が高いと育ちにくい作物なので、栽培の前には石灰を撒いて土壌を中和し、元肥として化成肥料（窒素N・リン酸P・カリK：8-8-8など）を1平方メートルあたり70グラム程度加えておきます。種まきは関東なら10月下旬から11月上旬を目安に、寒地は早く、暖地は遅く、行います。

10センチメートル間隔に3センチメートル程度の穴をあけ3粒ずつ種を播き、土を被せます。雨と気温に恵まれると10日前後で細い芽が出てきます。葉が4枚になったら、麦踏みをします。4月頃に穂が出て4～5日で花が咲き、それから約45日、穂の水分が下がったら収穫になります。

要点BOX

- 2022年（令和4年）の小麦の国内生産量は103万トン
- 小麦は土の酸性が高いと育ちにくい作物
- 種まきは寒地は早く、暖地は遅く行う

小麦の成長の様子

12月　低い草丈で筋状に見える麦踏みの頃

4月　草丈も伸び青々とした畑

5月　成長し穂が出揃った畑

6月　黄金色に変わり収穫を迎える

小麦の開花

矢印がおしべ

2 小麦にはクリーズと呼ばれる溝がある

小麦の粒

小麦の粒は30ミリグラムから40ミリグラムくらいの重さで、穂の中では、胚芽が下になって入っており、胚芽と反対の端には頂毛（ちょうもう）と呼ばれる短い毛が生えています。

お米と同じくらいの大きさと形ですが、大きな違いは、小麦粒にはクリーズと呼ばれる窪んだ溝があることです。溝の奥には栄養や水の通り道となる構造もあります。大麦、燕麦（オーツ麦）、ライ麦にも同様に溝があります。この窪んだ溝が麦粒の特徴で、溝がある方がお腹側で、胚芽があるつるりとしている方が背中になります。

溝があるため、お米のように精米機で粒の周囲を削ってふすま（外皮）を除こうとしても、溝に残ったり、また、小麦粒が割れたりして、綺麗に胚乳（はいにゅう）だけの小麦の粒にすることはできません。

そのため、小麦は粒で食べずに、粉状の小麦粉にして食べることが一般的で、小麦から小麦粉を作るための製粉技術が必要になります。

小麦の外皮（ふすま）は、何層もの薄皮で硬く覆われているため、柔らかな胚乳部分に水分が入って行き難く、胚乳のでんぷんは十分な膨潤（ぼうじゅん）に時間が掛かります。また、ふすまは硬いので、ざらさらとした舌触りがあり、お米のようにふっくらと滑らかな食べ心地にはなりません。ふすまを除けば、小麦でんぷんも膨潤しやすくなりますし、ざらざらしなくなります。

ふすまは強靭で胚乳部分よりも砕け難い性質があるので、この性質を利用して、胚乳からふすまを除きます。

小麦に少量の水を加えてふすまを湿らせることで砕け難い性質をさらに強めます。湿った落ち葉は手で揉んでも粉々にはならないのと同じ理屈です。ふすまは湿らせて砕かずに胚乳だけを粉にして、網で篩う（ふるう）のが製粉の基本になります。

要点BOX

- 小麦の粒は30～40ミリグラムくらいの重さ
- 麦は粒では食べずに、粉状の小麦粉にして食べるのが一般的

小麦の構造

硬質赤小麦（1CW、カナダ）

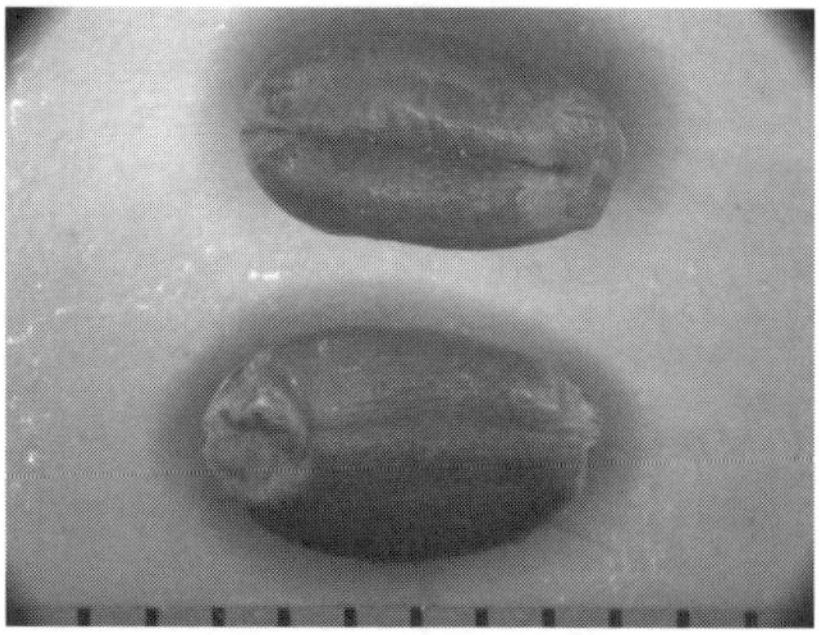

軟質白小麦（WW、アメリカ）

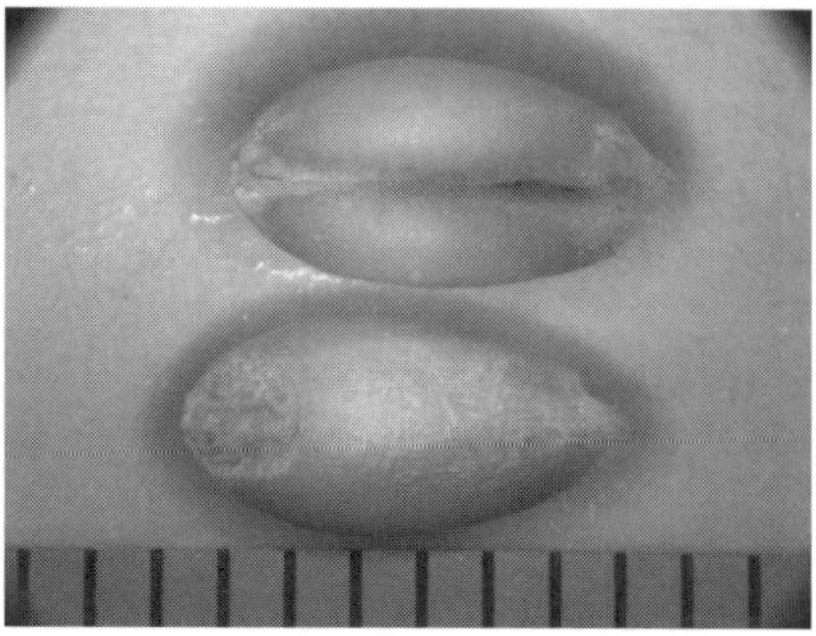

小麦の長さは6～7mm程度（写真の1メモリが1mm）

小麦の縦断面イメージ

小麦の横断面イメージ

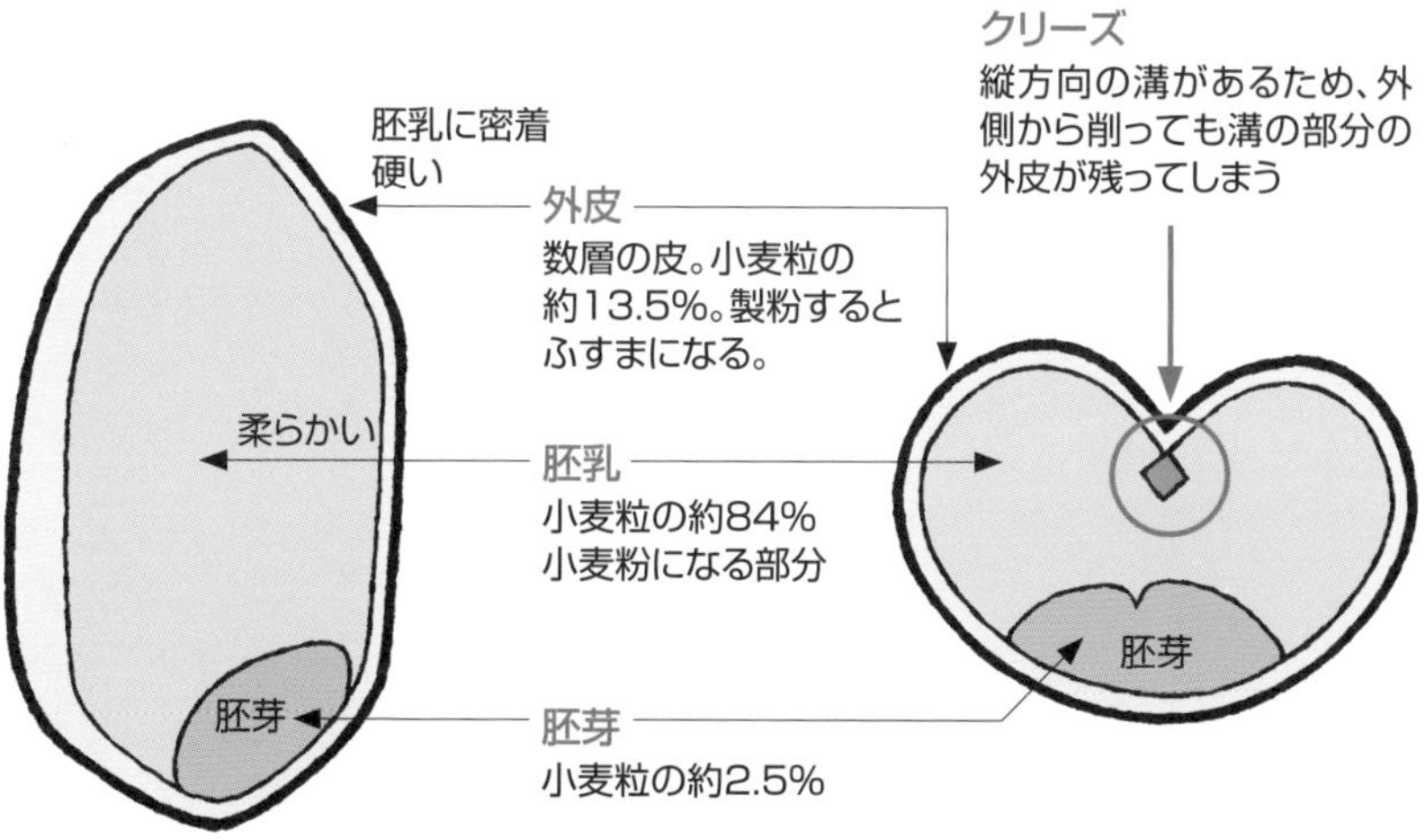

3 小麦は形状でいろいろな種類になる

用途によっていろいろある

小麦粉の粒の大きさは、でんぷん主体の数十マイクロメートルの細かいものから、小麦を引き割った粗いブルガーのようなものまで様々です。小麦粉はロール機による粉砕とシフターによる篩い分けを繰り返して作られ、粒度は、小麦の砕け易さとシフターの目開きで決まります。強力粉、中力粉、薄力粉のシフターの目開きはいずれも100から150マイクロメートル程度なので、小麦粉の粒度分布は、小麦の砕け易さで違ってきます。市販の強力粉、中力粉、薄力粉、デュラムセモリナの粒子分布(粒度)を図に示します。

硬質小麦から作られる強力粉は製粉工程を通るなかで、なかなか砕け難く、平均して70から80マイクロメートル程度になります。

中間質の小麦から作られる中力粉は、少し砕け易く、でんぷん粒にまで砕ける粒子が増えてくるため、30マイクロメートル付近に山が見られ、平均すると50〜70マイクロメートル程度になります。

軟質小麦から作られる薄力粉は、砕け易く、でんぷん粒にまで砕ける粒子の方が多くなるため、80マイクロメートル付近の胚乳片の山が低くなり、平均すると30〜40マイクロメートル程度の細かな小麦粉になります。ただ、取り扱い易くするために細か過ぎる粒子を除いたり、細かな粒子を集めて造粒したりすることもありますので、すべての小麦粉がこれに当てはまるわけではありません。

薄力粉は細かい方が、でんぷんが膨潤しやすく、ケーキ類を作るとしっとりとして滑らかな焼き上がりになります。粗い小麦粉でクッキー類を作るとサクサクとした食感になります。

デュラム小麦は砕け難く、他の小麦粉よりも粗い粒子分布なのでパスタ類にした時にしっかりとした歯ごたえになります。

粒度を変えるだけでも、小麦粉製品の食感を変えることができます。

要点BOX
- 小麦粉の粒度は、小麦の砕け易さとシフターの目開きで決まる
- 粒度を変えると、小麦粉製品の食感を変えられる

小麦粉の粒度分布

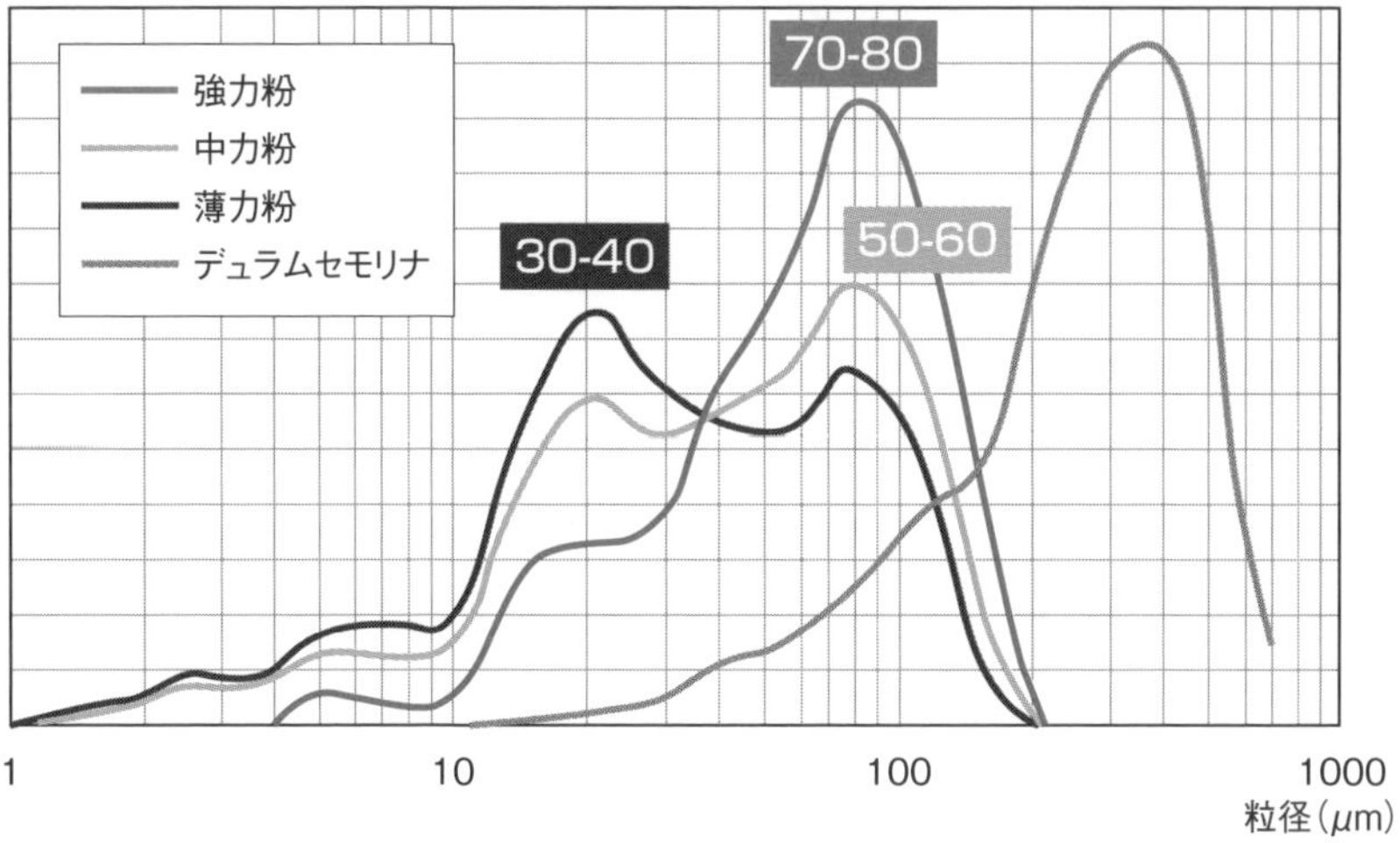

小麦粉の電子顕微鏡写真

強力粉

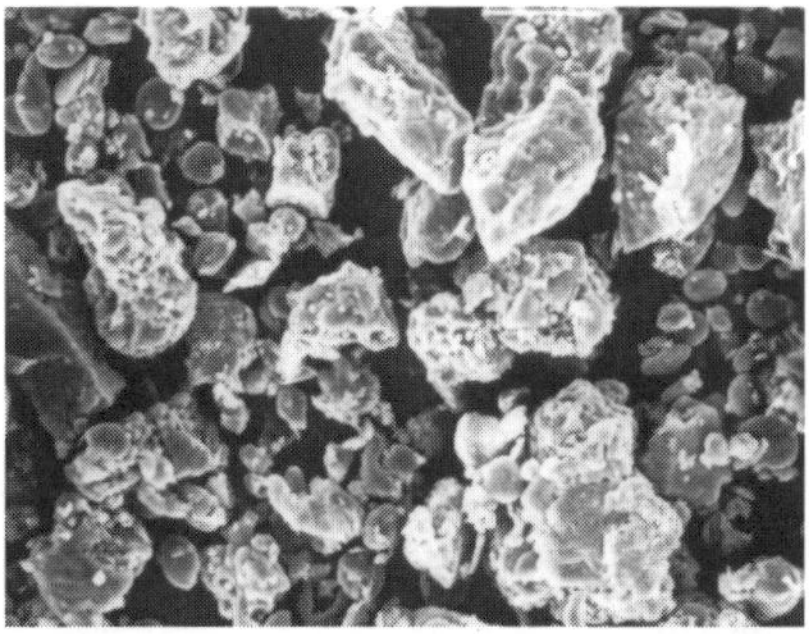

薄力粉

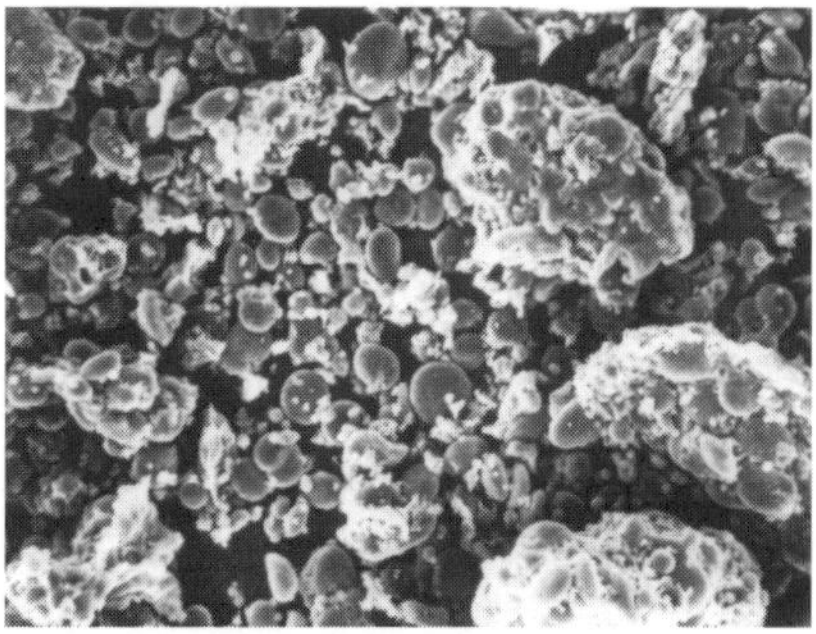

小麦粉を電子顕微鏡で見ると、丸いでんぷん粒子と、
でんぷんとタンパク質が集まった胚乳の断片で構成されていて、
不規則な形をしている

用語解説

ブルガー（bulgur）：ブルグル（burghul）などとも呼ばれ、地中海から中東・インド北部などで見られる茹でたり蒸したりした小麦を乾燥させて粗く砕いたもので、地域の伝統料理に使われる。
シフター：ナイロンやステンレスで編まれた網で、粉砕物を篩いの上下に分ける。回転運動で振動する箱枠の中には何枚もの網が入っており、篩いの目開きの組合せで、1つのセクションから粉砕物を複数に取り分けることができる。

4 小麦は人間にとって大事な栄養源だ

小麦粉の栄養とエネルギー

日本人の食事は、（1）ごはん・パン・めん類の主食、（2）野菜・いも・海藻・きのこを主材料とする副菜、（3）肉・魚・卵・大豆料理などを主材料とする主菜、（4）牛乳・乳製品、（5）果物、の5つのグループに区分されています。区分毎に、何をどれだけ食べると良いかという食事バランスガイドが示されていて、小麦粉は、主食として大切な食べ物です。

お米や小麦粉などの穀物は、でんぷんなどの炭水化物の約6割を供給しています。炭水化物は分解されて糖になり、脳をはじめ私たちの体を維持するための大切なエネルギー源になります。炭水化物を極端に抑えた食事を長期にわたりとると脳の働きや健康な体の維持が難しくなります。

また、お米や小麦粉は、タンパク質の最大の供給源でもあります。薄力粉で8％程度、強力粉で12％程度のタンパク質が含まれています。年間の小麦粉消費量が31・7キログラム（2020年度）なので、1日の消費量は86・8グラムとなり、小麦粉のタンパク質が平均10％とすると、小麦粉から約8・7グラムのタンパク質を摂取している計算になります。同様にお米の年間消費量が50・7キログラムなので、1日の消費量は138・9グラムとなり、お米100グラム中のタンパク質が約6％だとお米から8・5グラムのたんぱく質を摂取していることになります。小麦粉とお米を合わせると1日17・2グラムのタンパク質を穀物から摂取していることになり、1日のタンパク質を摂取する推奨量は成人男性（18〜64歳）で65グラム、成人女性（18〜64歳）で50グラムなので、20％以上のたんぱく質は穀物から供給されており、穀物は肉・魚と並ぶ大事なたんぱく質の供給源となっています。

また、食物繊維も穀物からたくさん摂取されています。小麦粉は2・5％から2・8％程度の食物繊維を含んでいるので1日に2・2〜2・4グラムの食物繊維を小麦粉から摂取している計算です。

要点BOX

- 穀物は肉・魚と並ぶ大事なタンパク質の供給源
- 小麦粉は2.5％から2.8％程度の食物繊維も含んでいる

食事バランスガイド

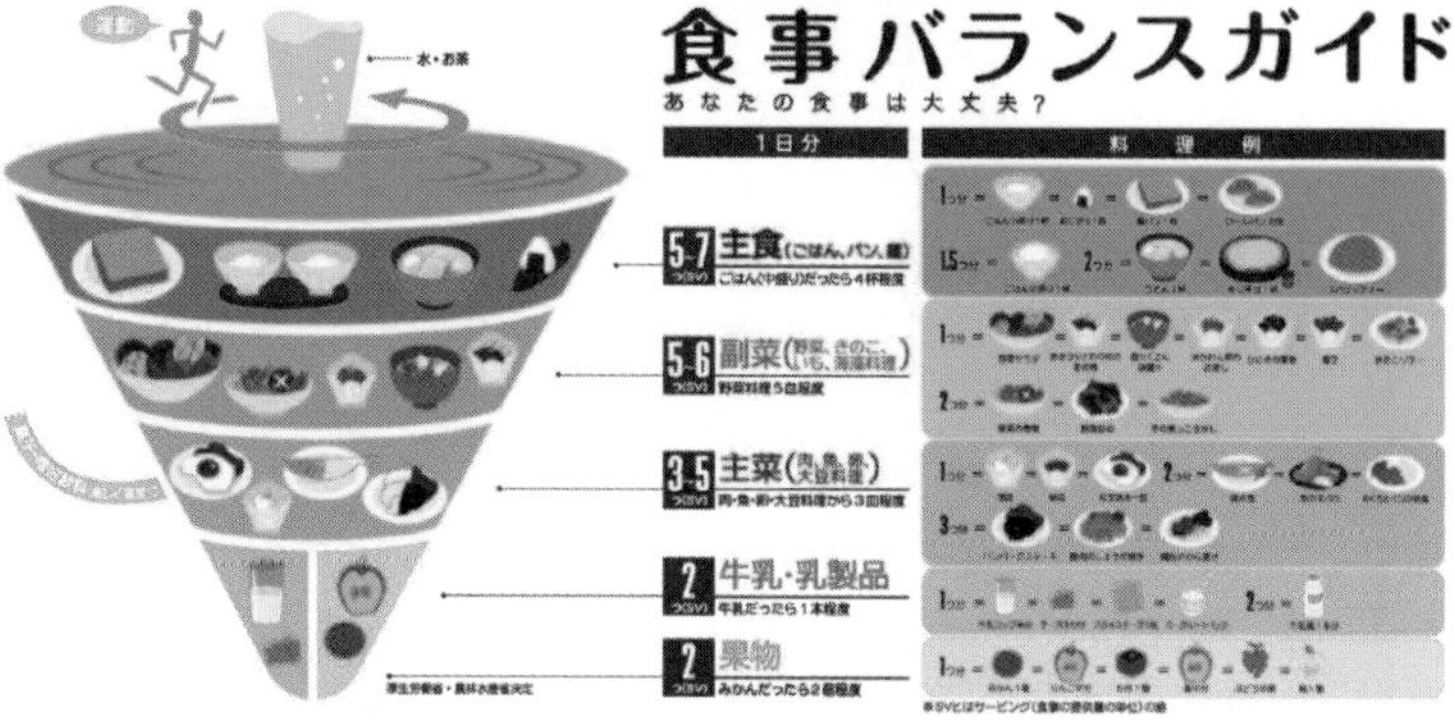

出典:厚生労働省の食事バランスガイド

小麦粉を使った主食の例

料理名	主食	副菜	主菜	牛乳・乳製品	果物	料理の主材料とその重量(単位:g)
食パン(6枚切り)	1	–	–	–	–	食パン(6枚切り) 60
ぶどうパン	1	–	–	–	–	ぶどうパン 80
トースト(6枚切り)	1	–	–	–	–	食パン(6枚切り) 60
食パン(4枚切り)	1	–	–	–	–	食パン(4枚切り) 90
ロールパン(2個)	1	–	–	–	–	ロールパン 60
調理パン	1	–	–	–	–	コッペパン 60
ピザトースト	1	–	–	4	–	食パン(6枚切り) 60、チーズ 30
クロワッサン(2個)	1	–	–	–	–	クロワッサン 80
ハンバーガー	1	–	2	–	–	コッペパン 60、合挽き肉 70
ミックスサンドイッチ	1	1	1	1	–	食パン 100、きゅうり 40、レタス 10、ハム 20、卵 25、チーズ 20
かけうどん	2	–	–	–	–	茹でうどん 300
ラーメン	2	–	–	–	–	中華茹でめん 230
チャーシューメン	2	1	1	–	–	中華茹でめん 230、メンマ 20、青菜 30、焼き豚 30
ざるそば	2	–	–	–	–	茹でそば 300
マカロニグラタン	1	–	–	2	–	マカロニ(乾)50、牛乳 105、パルメザンチーズ 6
スパゲッティ(ナポリタン)	2	1	–	–	–	スパゲッティ(乾)100、玉ねぎ 40、にんじん 20、マッシュルーム 20、ピーマン 15
焼きそば	1	2	1	–	–	中華蒸しめん 150、キャベツ 75、玉ねぎ 50、にんじん 20、ピーマン 10、豚もも肉 40
天ぷらうどん	2	–	1	–	–	茹でうどん 300、えび 40
天津メン	2	–	2	–	–	中華茹でめん 230、卵 100
たこ焼き	1	–	1	–	–	小麦粉 50、たこ 20、卵 25
お好み焼き	1	1	3	–	–	小麦粉 50、キャベツ 40、山芋 20、豚ばら肉 30、いか 40、さくらえび 2

出典:農林水産省ホームページ「食事バランスガイド早わかり」を加工して作成

5 通常の白い小麦粉はミネラルが少ない

小麦粉とミネラル

小麦粒は、小麦粒の中心の大部分を占めるでんぷん質の胚乳部、ふすま、胚芽に大別されますが、私たちが普段使っている白い小麦粉は、主に胚乳部からできています。ミネラル(無機質)は、でんぷん質の胚乳内部には少なく、小麦粒の外皮のふすまや糊粉層(アリューロン層)に多く含まれています。しかし、リン(P)の8割以上がフィチン酸の構成成分として、ふすまや糊粉層に貯蔵されているため、ふすまや胚芽では鉄(Fe)、カルシウム(Ca)、マグネシウム(Mg)、亜鉛(Zn)などのミネラルはフィチン酸塩になっており、腸内で吸収しやすい形態ではありません。

ミネラルは根から吸収されて種子に蓄えられますが、小麦の品種によってミネラルの貯まりやすいもの貯まりにくいものがあります。また、生育中の気象条件にも影響を受けたり、栽培される土壌の特徴が反映されたりもします。小麦粒のミネラルの分布は、エネルギー分散型蛍光X線分析装置により、直接調べることができます。図には小麦粒の横断面のカリウム(K)の分布を示しますが、小麦粒の外皮部分と小麦の中心部に食い込んだクリーズと呼ばれる溝の部分に多く存在しているのがわかります。

製粉してふすまを取除いた小麦粉では、ふすまや糊粉層と一緒にミネラルも取除いていることになり、ふすまも糊粉層も胚芽も含んだ全粒小麦粉は、ミネラルも多く含んでいます。総ミネラルは、有機質を燃やして残った無機質の重さの割合を示す灰分が一つの指標になります。小麦粒の灰分は1・5%程度ですが、ふすまを取除いた白い小麦粉は0・5%程度です。

全粒小麦粉は小麦粒を砕いたものと同じですから、白い小麦粉の3倍程度のミネラルを含みます。全粒小麦粉は普段の白い小麦粉に比べ生体調節機能などに必要不可欠なミネラルに富んでおり、カリウムや鉄は3倍以上、マグネシウムは4倍以上含んでいます。

要点BOX

- ●小麦粒は、でんぷん質の胚乳部、ふすま、胚芽に大別される
- ●全粒小麦粉は、ミネラルを多く含んでいる

小麦粉のミネラル

食品成分	ナトリウム	カリウム	カルシウム	マグネシウム	リン	鉄
	mg	mg	mg	mg	mg	mg
薄力粉/1等	Tr	110	20	12	60	0.5
中力粉/1等	1	100	17	18	64	0.5
強力粉/1等	Tr	89	17	23	64	0.9
強力粉/全粒粉	2	330	26	140	310	3.1

食品成分	亜鉛	銅	マンガン	セレン	モリブデン	灰分
	mg	mg	mg	μg	μg	g
薄力粉/1等	0.3	0.08	0.43	4	12	0.4
中力粉/1等	0.5	0.11	0.43	7	9	0.4
強力粉/1等	0.8	0.15	0.32	39	26	0.4
強力粉/全粒粉	3	0.42	4.02	47	44	1.6

出典:日本食品標準成分表2020年版（八訂）を加工して作成

小麦粒のミネラル分布（横断面）

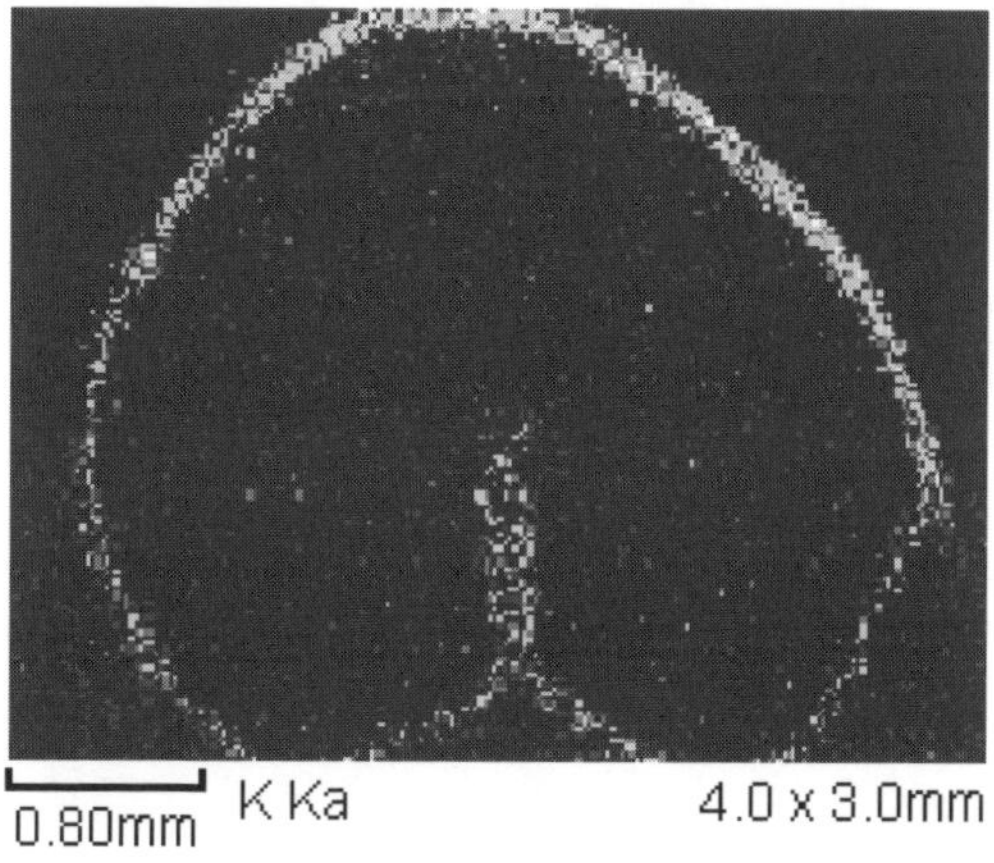

小麦粒の横断面をエネルギー分散型蛍光X線分析装置（EDX）で観察した画像。 ふすま（外皮）と、中心部に食い込んだクリーズ（溝）に色が付いて濃度が高いことがわかる（上が小麦背面、下が小麦腹面）

用語解説

糊粉層（アリューロン層）：麦の糊粉層は、胚乳組織の最も外側にある。タンパク質含量が高く、風味を豊かにする反面、生地を弱くすることもあり、時々、ふすまの一部として取り扱われる。

6 小麦粉は様々なビタミン類を含んでいる

小麦粉は、生体調節機能など身体をつくり・動かすために必要不可欠な栄養素、ビタミンの重要な供給源の一つです。ビタミンは、水に溶けやすい水溶性ビタミンと、油に溶けやすい脂溶性ビタミンに大別することができます。

水溶性ビタミンであるビタミンB群では、特にチアミン（B1）、リボフラビン（B2）、ナイアシン（B3）、ピリドキシン（B6）、葉酸（B9）が多い特徴があります。チアミン（B1）は糖質からエネルギーに換える時に必要であり神経炎や脳組織にも関与しています。リボフラビン（B2）はエネルギー代謝や物質代謝に関与しています。

ナイアシン（B3）は酸化還元酵素の補酵素の成分として働きます。

ピリドキシン（B6）は生体中の多くの酵素反応に必要であり胎児や乳児の脳の発達や免疫機能にも関与しています。葉酸（B9）はDNAなど遺伝物質の合成に必要で細胞分裂にも関与しており、1日の摂取推奨量は240マイクログラムです。特に妊娠初期に重要なビタミンです。

脂溶性ビタミンであるビタミンEは、脂質の酸化を抑制し細胞壁や生体膜の機能維持に関与しています。ビタミンEにも多形態があって最も活性が高いα-トコフェロールと比べてβ-トコフェロールは半分の活性になります（0・5当量）。1日の摂取目安量は、成人男性（18歳〜49歳）で6・0ミリグラム、女性は18歳〜29歳5・0ミリグラム、30歳〜49歳5・5ミリグラムで、妊婦はその年齢の目安量に2・0ミリグラム加えた量が目安量になります。

小麦の多くのビタミンは、アリューロン層と胚芽に高い濃度で含まれ、外皮（ふすま）と胚乳部の濃度は高くありません。特にチアミン（B1）とビタミンEは胚芽に局在しています。このように、精白小麦粉（1等粉）よりも全粒小麦粉の方がビタミン類を豊富に含んでいます。

要点BOX

- ●小麦粉はビタミンの重要な供給源の一つ
- ●多くのビタミンがアリューロン層と胚芽に高い濃度で含まれている

小麦粉のビタミン

食品成分	α-トコフェロール	β-トコフェロール	ビタミンB1	ビタミンB2	ナイアシン
	mg	mg	mg	mg	mg
薄力粉/1等	0.3	0.2	0.11	0.03	0.6
中力粉/1等	0.3	0.2	0.10	0.03	0.6
強力粉/1等	0.3	0.2	0.09	0.04	0.8
強力粉/全粒粉	1.0	0.5	0.34	0.09	5.7
小麦はいが	28.0	11.0	1.82	0.71	4.2
推奨量※	6.0/5.0		1.4/1.1	1.6/1.2	15/11

食品成分	ナイアシン当量	ビタミンB6	葉酸	パントテン酸	ビオチン
	mg	mg	μg	mg	μg
薄力粉/1等	2.4	0.03	9	0.53	1.2
中力粉/1等	2.4	0.05	8	0.47	1.5
強力粉/1等	3.1	0.06	16	0.77	1.7
強力粉/全粒粉	(8.5)	0.33	48	1.27	11.0
小麦はいが	10.0	1.24	390	1.34	-
推奨量※		1.4/1.1	240/240	5.0/5.0	

※18～29歳の推奨量（α-トコフェロールは目安値）:男性／女性
出典:日本食品標準成分表2020年版（八訂）、日本人の食事摂取基準2020年版 を加工して作成

主なビタミンの構造

水溶性ビタミン

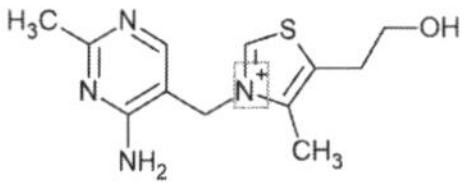

チアミン(B1)

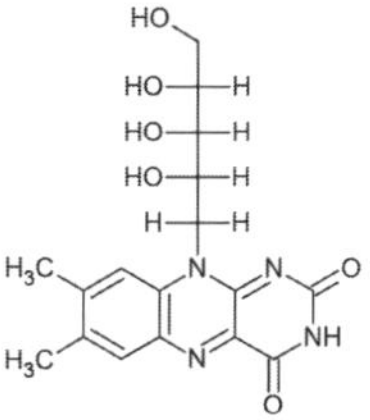

リボフラビン(B2)

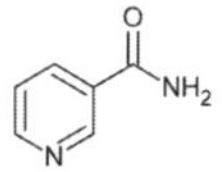

ナイアシン(B3)

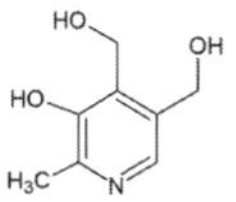

ピリドキシン(B6)

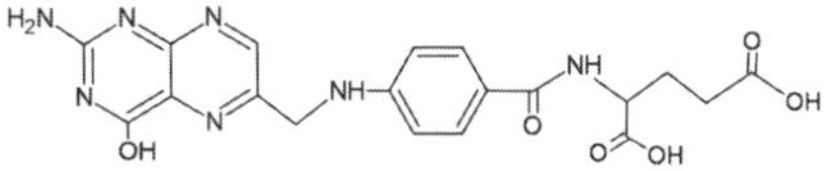

葉酸(B9)

脂溶性ビタミン

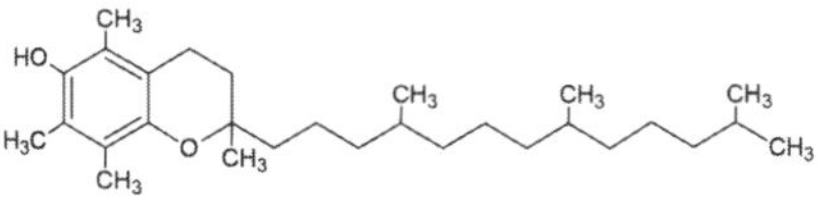

ビタミンE（α-トコフェロール）

7 小麦粉は、いろいろな食材と合わせるのが良い?

小麦粉とタンパク質・アミノ酸

小麦粉は、10％程度のタンパク質を含んでおり、日本人は、年間消費量から計算して、1日10グラム弱のタンパク質を小麦粉から摂取していて、お米とともに重要なタンパク質の供給源です。

ただし、FAO（国際連合食糧農業機関）とWHO（世界保健機構）とUNU（国連大学）によるタンパク質を必須アミノ酸の組成から評価するアミノ酸評価法「アミノ酸スコア」（2007年）では、小麦粉やお米のタンパク質は評価が低くなります。

アミノ酸スコアは、必須アミノ酸の中で、最も不足している必須アミノ酸「第1制限アミノ酸」の評点パターンに対する割合%から求めます。制限アミノ酸がない100に近いものが良質なタンパク質と言うことになります。

小麦粉もお米と同様にリジン（リシン）が最も不足している第1制限アミノ酸となります。小麦粉の種類にもよりますが、小麦粉のアミノ酸スコアは45～60程度と計算されます。

そのため、大豆の他、牛乳やとんかつなどの動物性タンパク質を同時に摂食するような食事にすることで栄養価を高めることができます。これは特別なことではなく、私たちはふだんから油揚げの入ったきつねうどん、かつサンド、チャーシュー麺、など、アミノ酸スコアを改善するような食事を摂っていて、いろいろな食材で栄養を摂取するのが自然な方法だということがアミノ酸スコアの視点からもわかります。

小麦粉のタンパク質のもう一つの特徴は、グルタミン酸とプロリンが多いことです。グルタミン酸の3分の1はアンモニアと結合したグルタミンとして存在しています。

多くのアミド態窒素を貯蔵することで、植物体としては発芽時の成長に有利であり、小麦粉を利用する人間の立場からは他のタンパク質にはない粘弾性を持ったグルテンの性質につながっています。

要点BOX

- ●小麦粉は、10%程度のたんぱく質を含んでいる
- ●小麦粉のアミノ酸スコアは45～60程度
- ●小麦粉のたんぱく質にはグルタミン酸とプロリンが多い

小麦粉のアミノ酸

食品成分	イソロイシン	ロイシン	リシン	メチオニン	シスニン
	mg/100g	mg/100g	mg/100g	mg/100g	mg/100g
薄力粉/1等	320	610	190	150	240
中力粉/1等	340	650	190	160	240
強力粉/1等	440	850	240	200	300
強力粉/全粒粉	(430)	(870)	(350)	(220)	(270)

食品成分	フェニルアラニン	チロシン	トレオニン	トリプトファン	バリン
	mg/100g	mg/100g	mg/100g	mg/100g	mg/100g
薄力粉/1等	450	270	260	110	380
中力粉/1等	470	290	280	110	400
強力粉/1等	650	370	350	140	520
強力粉/全粒粉	(660)	(270)	(360)	(170)	(550)

食品成分	ヒスチジン	アルギニン	アラニン	アスパラギン酸	グルタミン酸
	mg/100g	mg/100g	mg/100g	mg/100g	mg/100g
薄力粉/1等	200	320	260	370	3000
中力粉/1等	210	340	270	380	3300
強力粉/1等	280	430	350	490	4500
強力粉/全粒粉	(350)	(630)	(470)	(700)	(4200)

食品成分	グリシン	プロリン	セリン	アミノ酸組成計	アンモニア
	mg/100g	mg/100g	mg/100g	mg/100g	mg/100g
薄力粉/1等	310	1000	470	9000	350
中力粉/1等	350	1100	500	9600	390
強力粉/1等	440	1600	640	13000	540
強力粉/全粒粉	(550)	(2000)	(600)	(14000)	-

(　)は推定又は計算

出典:『日本食品標準成分表2020年版(八訂)』

小麦粉のアミノ酸スコアの計算

食品成分	リシン	たんぱく質	リシン/たんぱく質	評点パターン	アミノ酸スコア
	mg/100g	g	mg/g	mg/g	
薄力粉/1等	190	8.3	22.9	45.0	51
中力粉/1等	190	9.0	21.1	45.0	47
強力粉/1等	240	11.8	20.3	45.0	45
強力粉/全粒粉	(350)	12.8	(27.3)	(45.0)	(61)

出典:日本食品標準成分表2020年版(八訂)を加工して作成

用語解説

アミド態窒素:タンパク質では、アスパラギンとグルタミンの側鎖に存在し、正電荷を帯びてタンパク質を疎水性にする働きがある。加水分解でアンモニアを遊離する。

Column

小麦の貯蔵タンパク質とは

小麦のグルテンは、植物体の骨格を作ったり、酵素のように生命活動を支えたりするわけではなく、種子が発芽する際に必要な栄養素を貯えるので、貯蔵タンパク質と呼ばれます。タンパク質は20種類のアミノ酸から構成されており、その並び方（配列）と周囲の環境により、立体的な構造が決まり、構造によって性質も決まってきます。

酵素のように生命活動を支えるタンパク質は、1つのアミノ酸の種類が入れ替わる変異が生じるだけでも、その機能も変わるので生命活動ができなくなったり効率が低下したりして淘汰されてしまいますが、貯蔵タンパク質は栄養素の貯蔵ですから少しばかりの変異に対しては許容するゆるい関係にあります。そのため、グリアジンもグルテニンも、多くの種類（多型）が生まれやすく、その蓄積量も区々です。

貯蔵タンパク質は、プロテインボディと呼ばれる細胞内の顆粒に貯えられます。小麦粒のふすまに近い周辺部はプロテインボディが多く分布してタンパク質含量が高く、胚乳中心部は分布が少なくタンパク質含量は低い傾向があります。小麦でも、お米のように、アルコール溶液に可溶なグリアジン（プロラミン）と希酸に可溶なグルテニン（グルテリン）があり、それぞれ別々のプロテインボディに蓄積されているようです。

グルテンタンパク質のサブユニットと製パン性などとの関係が調べられ、製パン性の優れた小麦や劣った小麦の遺伝子パターンが広く知られるようになっています。新しい小麦品種を開発する育種段階では活用されていますが、遺伝子が良ければ、必ずしも良い小麦粉ができるとは限りません。ただ、遺伝子的に良い小麦は素質が良いので、良い小麦が収穫できる可能性はたかくなります。それでも小麦は「天候が7～8割」とも言われ、収穫するまで品質はわからないものです。遺伝子パターンが良くなくても、満足できるパンを作ることができる小麦の品種もあります。

遺伝的な因子だけでなく、栽培、天候、製粉の段階でタンパク質の持つ品質は大きく変わり、小麦粉の加工性にも影響するものなのです。

第2章

小麦粉の種類

8 小麦から小麦粉を作るには多くの工程がある

小麦粉の作り方

(1)小麦の精選と調質の工程

小麦は農産物なので、まずは小麦以外の穀物粒、雑草の種、小麦の茎、畠の土などの混入物を除きます(精選)。次に小麦に水を加え、外皮を強靭にして、外皮から胚乳部分をきれいに分離できるようにします(テンパリング/調質工程)。精選と調質が済んだ小麦は、パン用、麺用などの用途に適した小麦粉となるよう、配合されて、製粉工程に送られます。

(2)製粉工程

図のように、ロール機で破砕、篩機(シフター)で篩い分け、ピュリファイヤー(比重分級)で純化、の基本工程が繰返され、胚乳部だけを粉として段階的に採り分けます。

①粉砕：小麦は、ブレーキロールと呼ばれる表面に溝のあるロールで小麦粒を大きく開くように砕きます。

②篩い分け：小麦の破砕片は、篩機で、粗い外皮部分、外皮の付着した粗い胚乳、外皮が混入した細かい胚乳、細かい小麦粉(上り粉)などに分別されます。外皮部分は、次のブレーキロールに送られ、破砕と篩い分けを続け、胚乳を分離します。最後に、皮部から胚乳を剥ぎ取るように分離して、破砕工程は終了し、残りはふすまになります。

③純化：粗い胚乳部は、粒度と比重で選別するピュリファイヤーで選別されます。

④胚乳部の粉砕：胚乳部だけになったセモリナは、粗面加工したロールで細かく砕かれ、篩機で分別されます。粉砕の初めに採れる胚乳中心由来の粉は灰分が低くタンパク質も少なく、粉砕の後段になるとタンパク質が増え、細かな外皮の混入も増加します。

(3)小麦粉の採り分けと仕上げ

各工程から得られた上り粉は、色、灰分、タンパク質含量、グルテン性状、粒度など、目的に合った小麦粉の品質となるように選択され、2～4種類の小麦粉を採り分け調合されます。

要点BOX

●小麦は、粒を砕いた小麦粉の形で、パン、めん、菓子などに加工されてきた
●小麦粉を作るのは意外と大変

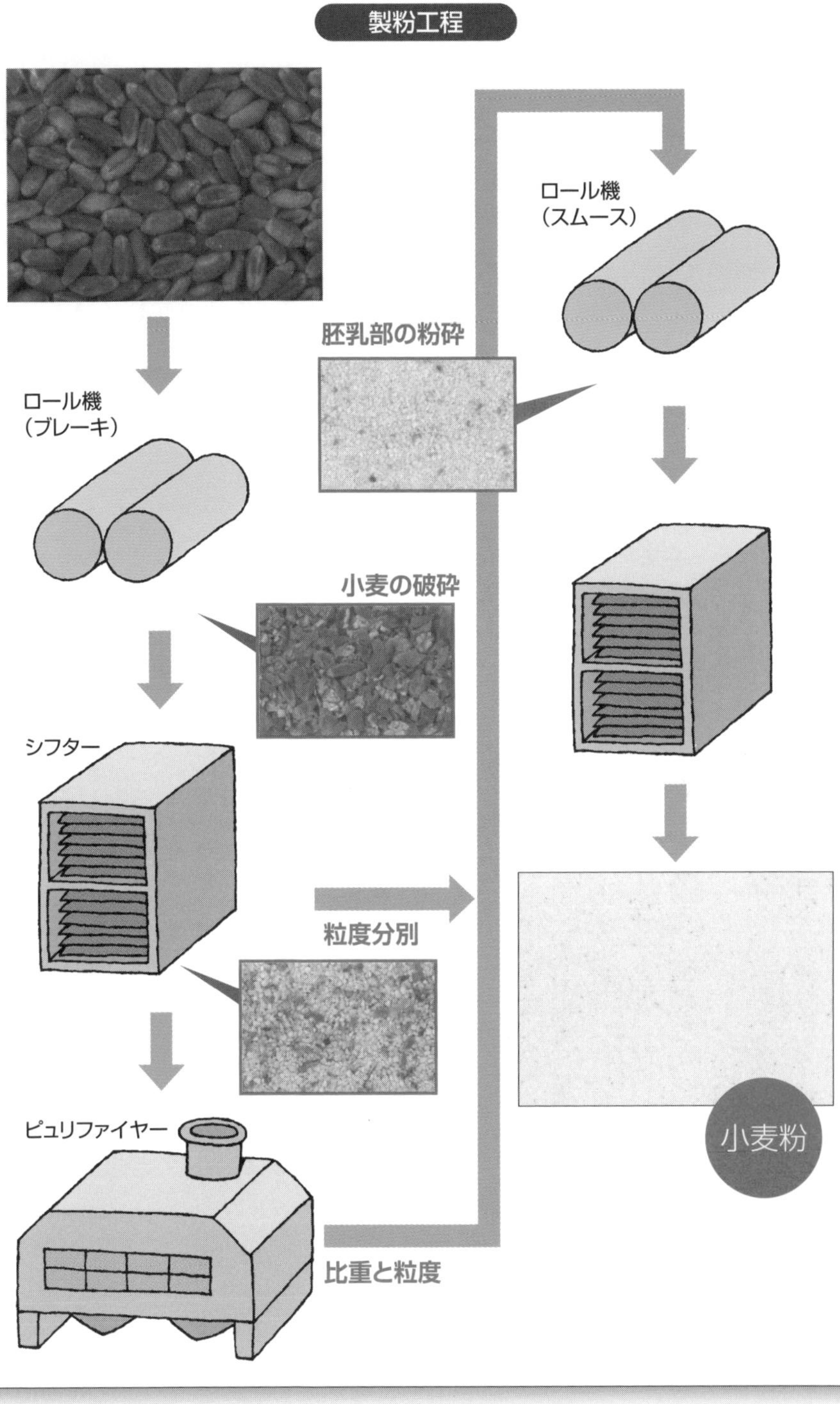
製粉工程
ロール機
（ブレーキ）
小麦の破砕
シフター
粒度分別
ピュリファイヤー
比重と粒度
胚乳部の粉砕
ロール機
（スムース）
小麦粉

9 石臼は色と香りを大切にする

小麦を石臼で挽く

昔は身近な道具だった石臼も、今はお蕎麦屋さんの店先か博物館でしか目にする機会はなくなりました。お抹茶、蕎麦、小麦、豆で石臼の大きさや重さ、溝の目立ての方法も様々です。石臼は、ゆっくり回すと粉の温度を上げずに挽けるので、お抹茶や蕎麦など色と香りを大切にするものに向いています。

一方で、動力を使い多くの量を挽く場合、早く回すと温度が上がりますので、冷却しながら粉砕できる熱伝導率の高い金属で臼を作り、低温製粉することもあります。

石臼は、原料を上臼に開けた穴から入れて、上臼の重さで押さえ付けながら、上臼を回転させて上臼と下臼に刻んだ溝で粉砕する構造です。日本では上臼の外周に力を加えて回転させ、欧州では回転軸に力を加えて回転させるのが一般的なようです。

同じ水車を動力源として使った石臼製粉でも、欧州は2メートルを超えるような大型の臼が使われ、日本では小型の臼が使われてきました。石臼製粉は、江戸時代の職業を紹介する人倫訓蒙図彙（じんりんきんもうずい）にも「粉や」の項に登場します。基本的には、現在の石臼製粉と何も変わるところはなさそうです。

試しに、同じ小麦を使ってロール製粉と石臼を比較してみました。石臼で挽いた小麦粉は目開き200マイクロメートルで篩ったのですが、ロール製粉の市販の小麦粉に比べて明らかに色が茶色になりました。食べると表面が柔らかく、歯ごたえも弱く、苦味のある後味が残ります。ロールで粉砕し、篩に掛けて粒度を揃え、空気分級機でふすまを除き段階的に粉砕する現代の小麦粉製粉がとても画期的であったことが実感できます。

近代ロール製粉が広がるまでの日本人が手にすることができた小麦粉は、真っ白ではなく、少し茶色だったと想像することができます。

要点BOX

●石臼は、ゆっくり回すと粉の温度を上げずに挽けるので、色と香りを大切にできる
●現代の小麦粉製粉はとても画期的

石臼の構造

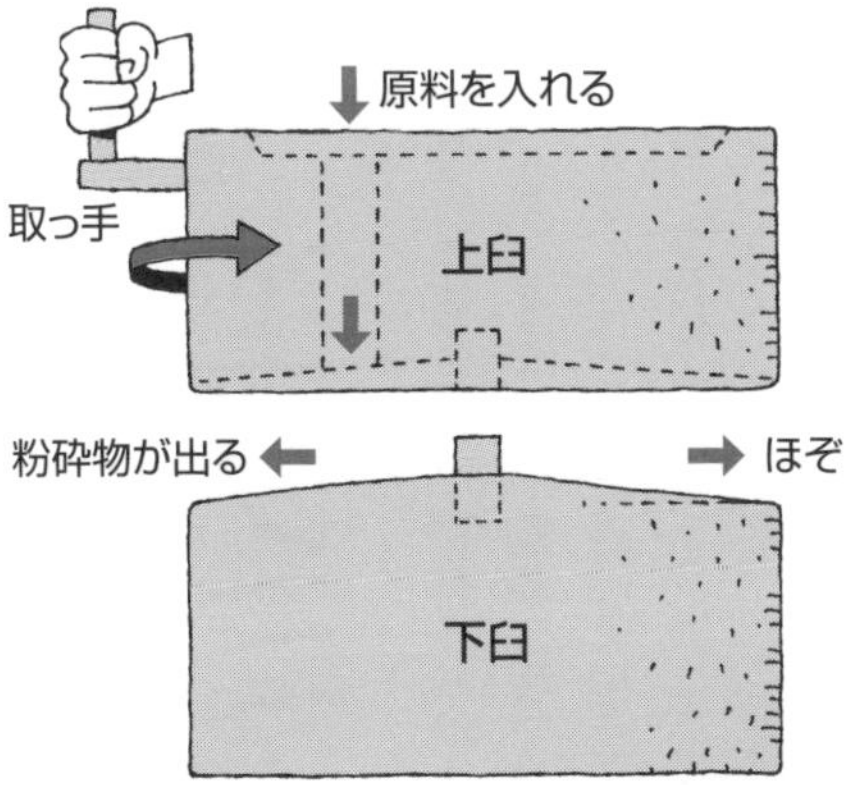

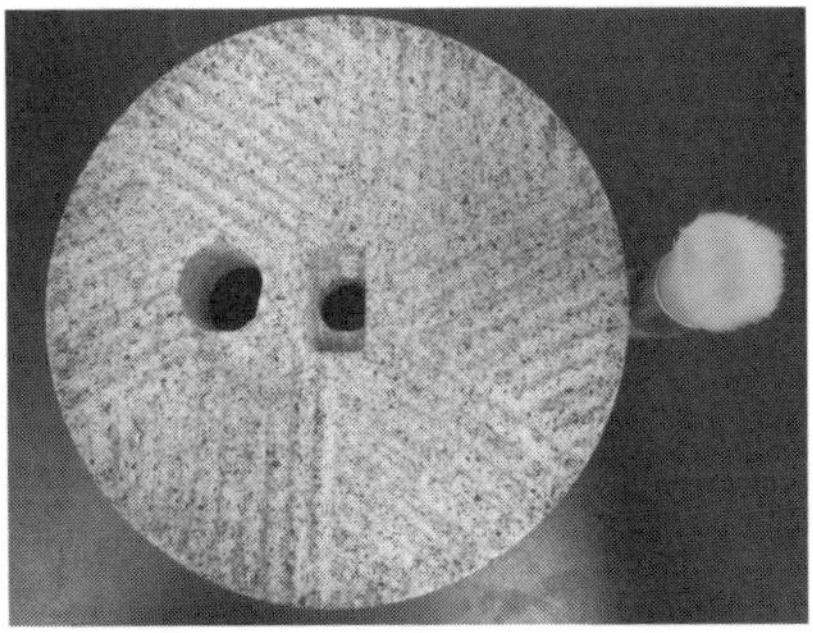

上臼（機械式）の6分割溝

昔から変わっていない、粉やの石臼

人倫訓蒙図彙7巻、蒔絵師源三郎ほか著、
元禄三年（1690年）
出典:国立国会図書館ウェブサイト

ロール製粉と石臼の小麦粉で作ったうどん

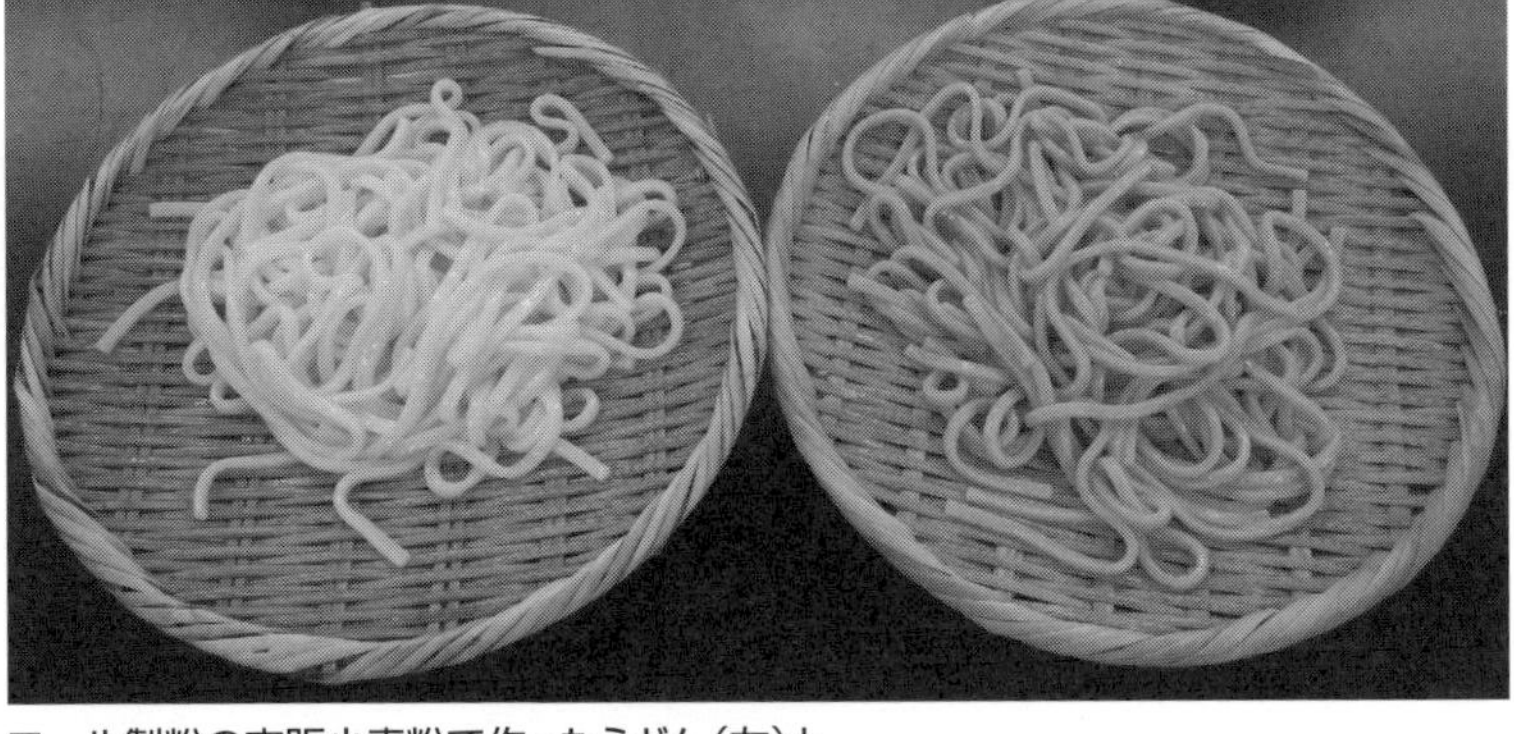

ロール製粉の市販小麦粉で作ったうどん（左）と
石臼で挽いた小麦粉で作ったうどん（右）

10 小麦のふすまはエグミ・苦みがあって

大部分は牛の飼料に

製粉工場では小麦粒の2割程度がふすまとして発生します。このふすまには、製粉工程で採りきれなかったでんぷんなどが10%程度残っています。ふすまの構成成分は、セルロースが6～9%、水で抽出されないヘミセルロースが15～20%含まれ、食物繊維の割合は40%になります。また、ポリフェノール等の成分が多く含まれるためエグミ・苦味があります。ふすまが小麦粉に混ざると、外皮の色だけでなく、ミネラルも多くなって反射率が低下し、色がくすんで見えます。また、ポリフェノールオキシダーゼ(PPO、褐変酵素)などの酸化酵素とその基質も多く含まれるので、生地の色も悪くなります。

一方で、ふすまは食物繊維が豊富な健康志向の食品として販売されています。ふすま分が多く入るとグルテンのつながりが悪くなります。篩って作った小麦粉であれば、グルテンは胚乳部のでんぷんを抱き込むように網目構造を形成します。全粒粉に含まれるふすまは、繊維質であり、でんぷんよりも大きいので、網目構造の形成を妨げます。そのため、全粒粉で作ったパンはボリュームが小さめになりがちです。日本で製粉される小麦は年間600万トン程度なので、ふすまはその2割に当る120万トン程度発生します。健康には良いのですが、そのままでは美味しくないので、食用として消費される量は僅かです。大部分のふすまは、牛の飼料に使われています。戦後から平成になって暫くは、飼料確保のために「専管ふすま(専増産ふすま)」と言う制度がありました。ふすま以外に胚乳部由来のでんぷん質が多く入ったふすまを作っていました。この他の用途として、ふすまの嵩張り空隙率が高い特性を利用し、好気性のキノコやカビの培養などにも使用されています。

ふすまは、喉越しや舌触りの悪さが食べる障害になっていますが、微粉末化することで食べやすくしたふすま商品も発売されています。

要点BOX

●製粉工場では小麦粒の2割程度がふすまとして発生

●ふすまは食物繊維が豊富な健康志向の食品

グルテンのつながりを妨げるふすま

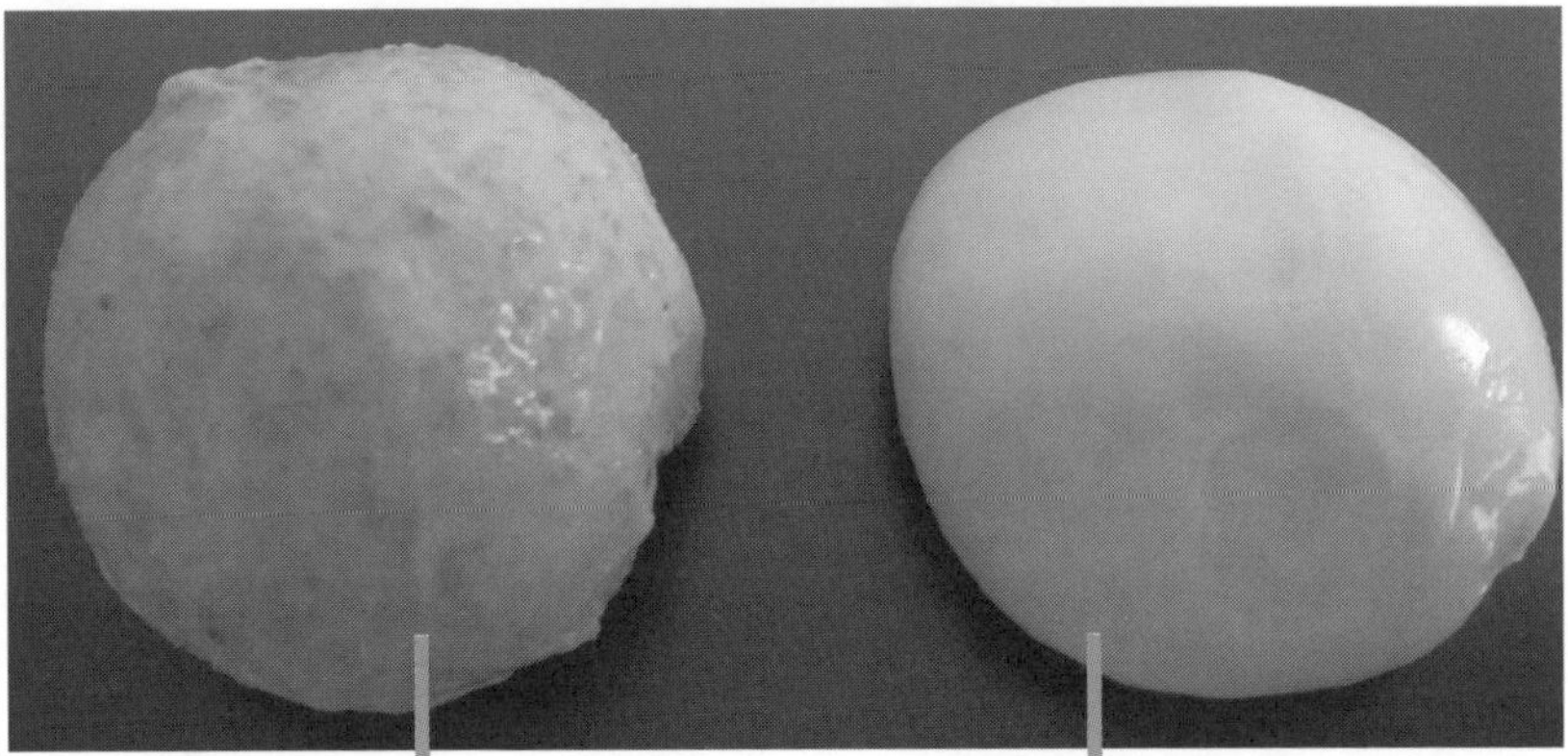

全粒粉では、グルテン膜の中にふすま片が見える

通常の小麦粉では、グルテン膜の中にふすま片はなく、滑らか

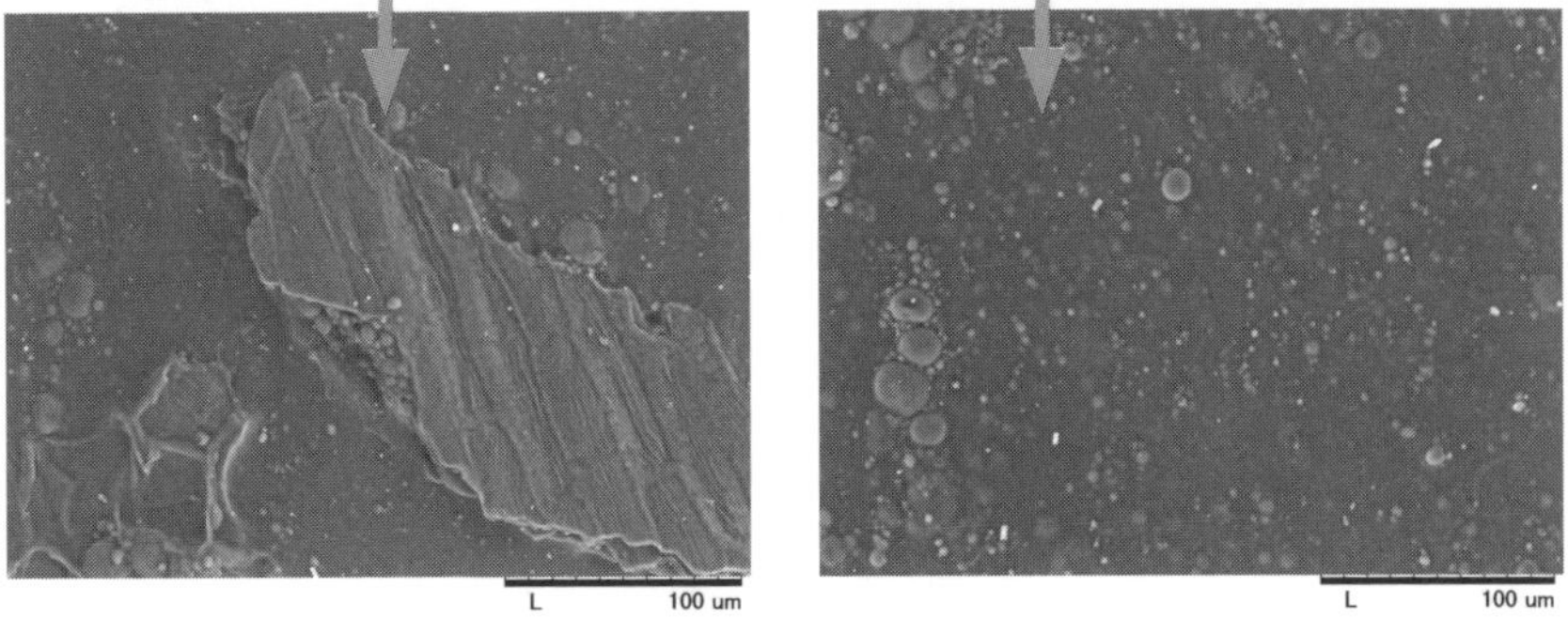

食品としてのふすま

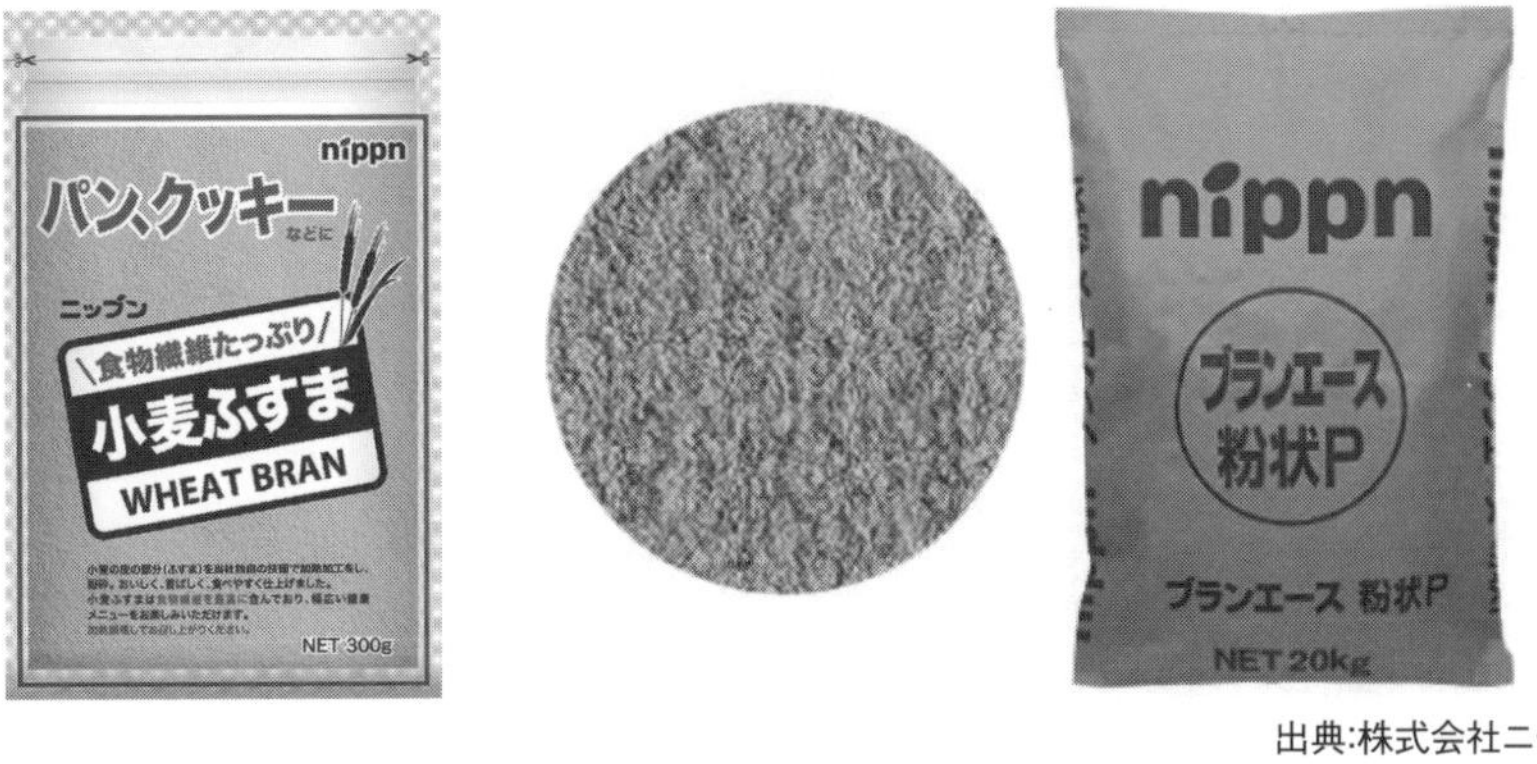

出典:株式会社ニップン

11 全粒小麦粉を美味しく食べよう

全粒小麦粉（全粒粉）は、健康的で体に良いイメージで、近年パスタ、ビスケット、クッキー、パンなどの商品で目にします。

全粒粉は、通常の小麦粉とは異なり、小麦を丸ごと挽いて粉にしたもので、普通では取り除かれるふすま（外皮）や胚芽も全部含むので、脂質や色素、ビタミンやミネラルも豊富です。そのため、全粒粉を使った食品は小麦の風味が豊かであり、歯応えがあるのが特徴です。

また、ふすまの約4割が食物繊維なので、全粒粉は食物繊維を多く含みます。食物繊維は、ヒトの消化酵素で消化・分解されず腸の掃除や腸管の有用な菌の繁殖、腸の動きを良くするなど、生活習慣病の予防や免疫力を高めています。「日本人の食事摂取基準（2020年版）」では食物繊維の1日の摂取の目標値は、男性21グラム以上、女性18グラム以上（ともに18～64歳）とされています。全粒粉100グラム中の食物繊維総量は11・2グラムで、全粒粉100%で作った8枚切り食パンを2枚食べることで、不足している約4グラムを補うことができます。

全粒粉は、栄養価があり、身体に良いので、美味しく食べてもらいたいです。美味しくなければ、身体に良いから・健康を保つためと言って、無理して食べても長続きはしません。全粒粉を美味しく食べる方法はたくさんあります。その代表的な方法は、全粒粉パン（ホールウィートブレット）、グラハムブレット（粗挽の全粒粉）で、サンドイッチやトーストとして人気があります。

全粒粉パンは内相の色が黒っぽく、素朴な小麦の風味が強調されるので、黒砂糖や三温糖や蜂蜜などコクのある甘味料を使用することで、小麦の旨味と香ばしい香りが引き立ち、それらのもつ機能性の相乗効果が期待できます。左には、美味しく食べられるパスタや菓子パンを載せています。

要点BOX

- 全粒粉は、小麦を丸ごと挽いて粉にしたもの
- ふすまや胚芽を全部含むので、脂質や色素、ビタミンやミネラルを豊富に含む

全粒粉と全粒粉を使った商品

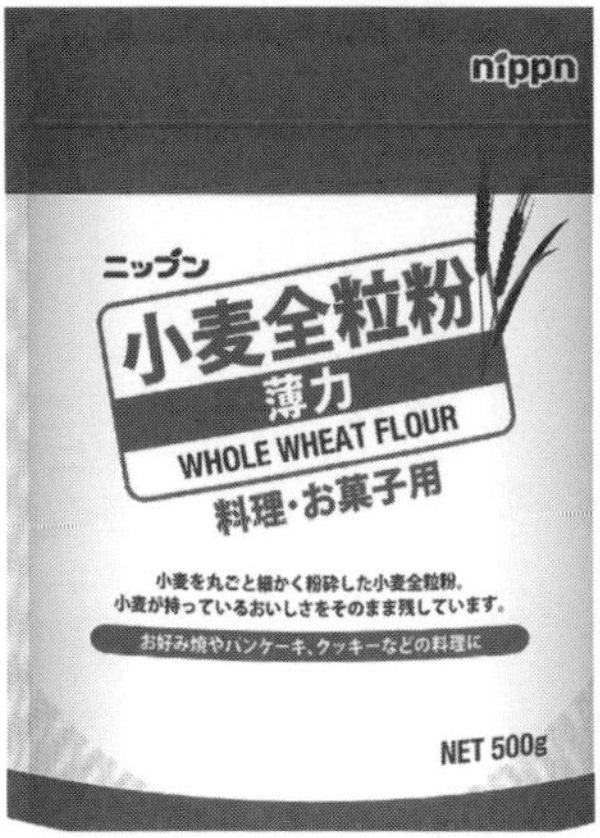

出典:株式会社ニップン

全粒粉で作ったパンと食物繊維量の一例(1個当り)

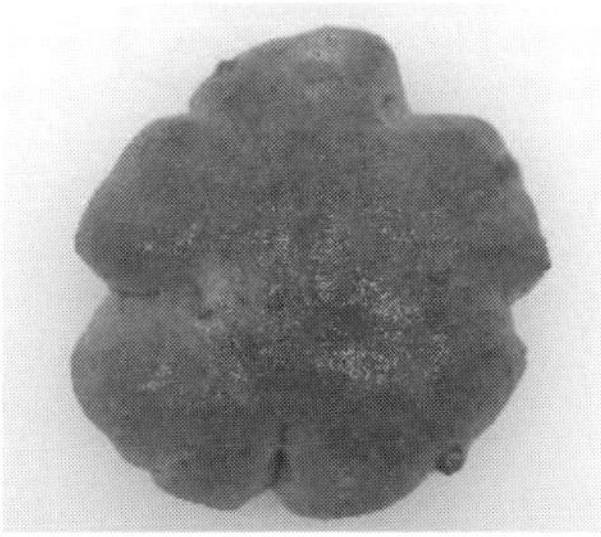

クルミパン
全粒粉100%のパン生地に、ローストしたクルミを練りこんで、お花の形にして、かわいい仕上がり
(50gの生地で、食物繊維は約2.9g)

メロンパン
メロン皮も、パン生地も全粒粉100%の全粒粉づくしのメロンパン。全粒粉のコクと、あまみとうまみのバランスが良い仕上がり
(85gの生地で、食物繊維は約4.4g)

12 日本は、いろいろな小麦を輸入している

小麦の8割は輸入

日本の小麦使用量は年間約600万トンで、国内の小麦生産量が100万トンなので、約500万トンの小麦を外国から輸入しています。主な輸入先は、アメリカ5割、カナダ3割、オーストラリア2割です。

硬質小麦は、アメリカの大平原（プレーリー）の南から北まで、ミシシッピ川流域の広大な土地で栽培されています。カンザス州やテキサス州が大産地ですが、日本向け積み出し港への鉄道輸送の地の利が良い北部の州から、DNSと呼ばれる硬質春小麦（ハード・レッド・スプリング）と、SHと呼ばれる硬質冬小麦（ハード・レッド・ウィンター）が運ばれています。また、カナダ平原3州の西部からも1CWと呼ばれる硬質春小麦（カナダ・ウエスタン・レッド・ウィート）が輸入されています。

アメリカ北部やカナダは寒いので、冬小麦は少なく、春小麦が主に栽培されています。一般に、冬小麦は春小麦よりも生育期間が長いので、収穫量が多くなります。オーストラリアからは色も食感も優れたうどん用の軟質白小麦に、硬質の白小麦を混合したASW（オーストラリア・スタンダード・ホワイト）と呼ばれる小麦が輸入されています。また軟質小麦のWW（ウエスタン・ホワイト）は、太平洋に面したアメリカ北西部で栽培されています。WWは、白小麦で、軟質小麦とクラブ小麦を混合して、菓子用の特性を高めています。デュラム小麦は、主にカナダからCWAD（カナダ・ウエスタン・アンバー・デュラム）と呼ばれる白小麦が輸入されていますが、作柄や用途によってアメリカやオーストラリアから輸入することもあります。

日本の小麦の約7割は北海道で栽培されており、2022年の品種別収穫量は、北海道のうどん用の「きたほなみ」が約半分を占め、次に、北海道のパン用の「ゆめちから」「春よ恋」、北関東の「さとのそら」、関東以西の「シロガネコムギ」、北部九州の「チクゴイズミ」、東海の「きぬあかり」などが続きます。

要点BOX

- 日本は、約500万トンの小麦をアメリカ、カナダ、オーストラリアから輸入している
- 日本の小麦の約7割は北海道で栽培

小麦の種類

	硬質小麦	中間質小麦	軟質小麦	デュラム小麦
	1CW、DNS、HRW、PH	ASW	WW	CWAD、AD
主要原産国	カナダ、アメリカ	オーストラリア	アメリカ	カナダ、アメリカ
胚乳の特徴	硬質で硝子質	軟質で中間質及び粉状質	軟質で粉状質	硝子質
たんぱく質含有	高 →		→ 低	高
グルテンの性質	強い →		→ 弱い	弱い
小麦粉の種類	強力粉	中力粉	薄力粉	デュラムセモリナ

国内麦と外国麦の比較

	国内麦	外国麦(アメリカ・カナダ・豪州)
栽培	・水田裏作及び畑作 ・作付面積が小さく、質・量とも振れる	・畑作 ・大規模のため、比較的均質
取引単位	品種別に取引	銘柄毎に取引(多品種のブレンド)
性質	・品種・産地特有の性質 ・ロットが小さく、振れが大きい	・ブレンドされるため比較的均質 ・ロットが大きく、振れが小さい
たんぱく質含有	主に中位	低～高

内麦代表品種

品種	用途	生産地
きたほなみ	麺用	北海道
農林61号	麺・菓子用	本州
さとのそら	麺・菓子用	本州
シロガネコムギ	麺・菓子用	九州
チクゴイズミ	麺用	九州
春よ恋	パン用、中華麺用	北海道
ゆめちから	ブレンド用(超強力のため)	北海道

きたほなみ

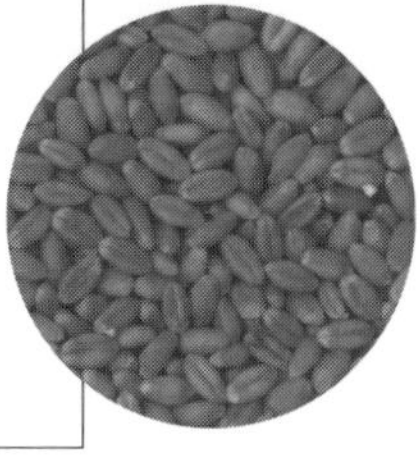

13 麦類には多くの種類がある

麦類は、クラブとスペルトとデュラムを含む小麦(wheat)、大麦(barley)、ライ麦(rye)、燕麦(oats)で、これらはアレルゲンとしてのグルテンを持っています。その中で、良いパンが作れるグルテンを持っているのは小麦だけです。はと麦は雑穀になります。

①大麦：六条大麦と二条大麦は、穂に付いている実の列数が異なり、穂を上から見ると六条大麦は6列に、二条大麦は2列です。六条大麦は、炒って粉にした「麦こがし」・「はったいこ」として食べられていましたが、現在は麦茶のほか、精麦され「押し麦」や「丸麦」、「米粒麦(白麦)」として麦飯や麦味噌の原料に利用されています。二条大麦はビール醸造や焼酎の原料になっています。大麦は精麦しても、βグルカン、アラビノキシランといった水溶性食物繊維を多く含みます。βグルカンは、食後血糖値の急激な上昇及びインスリン過剰分泌を抑制するとの報告もあります。高βグルカンやもちもちした食感の大麦の品種などが、国の研究機関である農研機構で開発・栽培されています。

②ライ麦：欧州やロシアなどで栽培されているライ麦は、パンや醸造酒に使われていますが、グルテンネットワークを作る能力がないので、100%でパンを作っても膨らみが悪くなります。そこで、生地を扱いやすくし、独特の香りを整えるために乳酸菌のサワー種を使ったパンが作られてきました。ライ麦は小麦よりもビタミンB1、B2や食物繊維が多く、健康志向の方には良い食材で、また、ライ麦粉は小麦粉に少ないアミノ酸のリジンや、ビタミン、ミネラル、繊維質が多く含まれており高い栄養価を持っています。

③燕麦：エンバクは牛馬の高栄養飼料用、またグラノーラやオートミールとして食用に使われています。

④はと麦：じゅず玉に似た形をしたジュズダマ属(Colix)で、小麦よりもとうもろこしに近い植物で、はと麦茶の原料や雑穀米の材料としても利用されます。

要点BOX

- ●麦類は、クラブとスペルトとデュラムを含む小麦、大麦、ライ麦、燕麦
- ●良いパンが作れるのは小麦だけ

身近な麦の種類

	英語名	学名
小麦 （コムギ、普通コムギ、パンコムギ） 	wheat	*Triticum aestivum*
クラブ小麦 （クラブコムギ） 	club wheat	*Triticum compactum*
スペルト小麦 （スペルトコムギ） 	spelt wheat	*Triticum spelta*
デュラム小麦 （デュラムコムギ） 	durum wheat	*Triticum turgidum L. ssp. durum*
大麦 （オオムギ、六条、二条、裸麦） 	barley	*Hordeum vulgare*
ライ麦 （ライムギ） 	rye	*Secale cereale*
燕麦 （エンバク、カラス麦、オート） 	oats	*Avena sativa*
ライ小麦 （ライコムギ:小麦とライ麦の交雑） 	Triticale	*Triticum sp. x Secale sp*
はと麦 （ハトムギ） 	Job’s tears	*Coix lacryma-jobi*

14 日本の小麦は、風土に合わせて独自の進化を

日本の小麦と世界の小麦

梅雨のある日本の気候は、小麦にとって良好な環境とは言えません。高温多湿な日本で小麦が育つための大切な特性は、穂発芽しにくいこと、赤かび病に罹りにくいこと、湿害に強いこと、梅雨が始まる前に収穫できる早生であることです。その他にも、雪が多い地域では雪腐病（ゆきぐされびょう）に強いなどの特性も求められます。小麦は、紀元前200年頃の弥生時代の遺跡からその痕跡が発掘されており、栽培が始まっていたと考えられています。時代は下り奈良時代になると小麦は大規模に栽培されていましたから、日本でも少なく見積もっても1500年以上の栽培の歴史があります。その間、日本の風土に馴染めない小麦品種は淘汰されて、日本特有の進化を遂げたと考えられます。

近代になると、交配育種の中で、国や公的研究機関によって優れた品種が開発されてきました。中でも、草丈を短くして倒れにくい「倒伏耐性」を持った品種として短稈の農林10号は世界的に小麦育種の親となりました。農林10号が倒れにくいのはBht-B1とBht-D1と言う二つの背高を低くする半矮性遺伝子（はんわいせいいでんし）を持つためで、倒れにくい遺伝的な形質の親として世界の農業生産性を高める重要な役割を果たしました。

日本では、秋に播く秋播き小麦が多く栽培されています。秋に播いて少し大きくなって冬を迎えます。麦踏みをするのは、①麦の倒伏を防ぐ、②根元から茎が分かれる分げつを促す、③伸びすぎを防ぐ、④根の張りを良くする、⑤播いた麦を地中に戻す、などの効果があるためです。

春に播く春播き小麦もあります。「春よ恋」は春播き小麦です。アメリカやカナダでは、冬を越すので冬小麦（ウィンター・ホイート）、春に播くので春小麦（スプリング・ホイート）と呼んでいます。秋播き小麦と冬小麦、春播き小麦と春小麦は同じものです。

要点BOX

- 小麦は中央アジアの「肥沃な三日月地帯」の乾燥地帯で生まれた
- 小麦は多湿な日本の気候が苦手

日本産小麦と輸入している小麦(一部)

ゆめちから(パン用)

春よ恋(パン用)

きたほなみ(麺用)

カナダ　1CW
Canada Western Red Spring #1

アメリカ　DNS
Dark Northern Spring

アメリカ　SH
Semi Hard, Hard Red Winter

オーストラリア ASW
Australian Standard White, Noodle Blend

アメリカ　WW
Western White
(主にWinter)

カナダ デュラム
Canada Western Amber Durum (Spring)

1CW、DNS、SH(主にパン・中華麺用)、ASW(麺用)、WW(菓子用)

用語解説

穂発芽：穂に付いたまま、小麦が芽を出す現象。(穂発芽は17項に記述)
短稈：小麦の茎が短いこと。風などで倒れにくくなる。

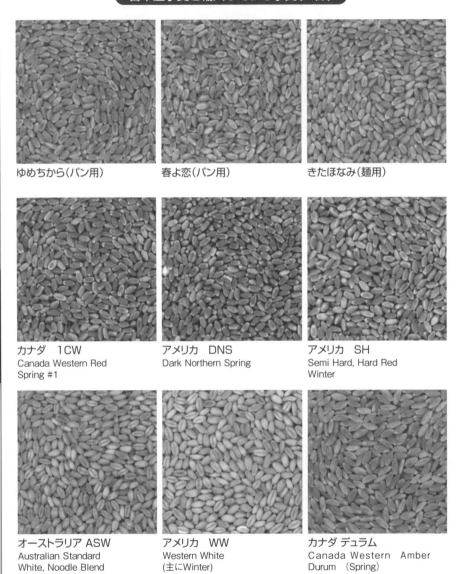

15 日本の新しい小麦はどこが違う

DNAマーカーで解析

2022年（令和4年）に収穫されて年末までに検査を受けた小麦の数量は、約103万トンです。一番多い品種はうどん用の「きたほなみ」の49万トンで約47・6％を占めます。二番目に多い品種はパン用の「ゆめちから」の10万トンで約9・8％、三番目はめん用品種の「シロガネコムギ」の7万トンで約6・8％を占めています。一番と二番は北海道の品種です。

「きたほなみ」は、でんぷんのアミロースを合成する酵素が一部機能せずに、アミロースが少なくなっています。アミロースがやや少ないので「やや低アミロース」と呼ばれています。

Aゲノムの酵素の遺伝子も機能しない小麦は、もっとアミロースが低くなり「低アミロース」と呼ばれ、北部九州が主産地の「チクゴイズミ」（生産量5万トン）が代表格です。うどんには「やや低アミロース」が良いとされており、オーストラリアの日本めん用小麦銘柄のASWもこの範疇に入ります。

「きたほなみ」は、麺の色が綺麗で製粉性も良く、長らく敵わなかったASWに近づいた優れた日本麺用の小麦品質です。パン用小麦の「ゆめちから」や「春よ恋」は、アメリカやカナダのパン用小麦が持つ強いグルテン遺伝子（Glu-D1d）を持っています。現代の育種では、形質を決める遺伝子をDNAマーカーと呼ばれる解析手法で調べることで、種や発芽した葉から選抜できるようになってきました。パンを焼かなくてもパンに向きそうかどうかが大まかにわかるので、交配選抜のスピードアップが図れています。

2017年以降に新しく品種登録が公表された小麦品種から、商業栽培されている品種を幾つか抜出して表に示しました。早生による作業性の改善、倒伏を抑える短稈、縞萎縮病や赤かび病に対する耐病性などの栽培に関する内容、多収と高タンパクとアミロース含量、また、製粉性や生地物性や製めん・製パン・製菓の製品加工特性などが改良されています。

要点BOX

- 2022年日本で一番生産量が多かった品種はうどん用の「きたほなみ」
- 「きたほなみ」は、麺の色が綺麗で製粉性も良い

最近開発された小麦品種の特徴

品種名	登録公表年	主産地と生産量（令和4年）	栽培性	収量・タンパク	加工性
ナンブキラリ	2019年	岩手 93トン	縞萎縮 病耐性	多収	製麺適性
はるみずき	2019年	大分 3404トン	早生・短稈	高タンパク	生地が強い、 製パン性
びわほなみ	2018年	滋賀 7940トン	−	多収	製粉性、 うどん適性
夏黄金	2017年	宮城 1767トン	やや早生、 耐雪性	やや 低アミロース	生地抵抗、 製パン性
くまきらり	2017年	熊本 201トン	やや早生	−	−
北見95号	2020年	北海道 468トン	−	高アミロース、 低収量	薄力専用 品種
はる風ふわり	2018年	佐賀 4661トン	早生、 穂発芽	高タンパク	生地が強い、 製パン性

出典:農林水産省ホームページ「令和4年産麦の農産物検査結果」を加工して作成

16 お米は水田、小麦は畑

小麦は本質的には湿気を嫌う

小麦の起源は、パレスチナからアナトリア東部を経てチグリス・ユーフラテス川流域に至るメソポタミア文明が栄えた「肥沃な三日月地帯」の西端付近と言われています。この地域は、砂漠に近く比較的乾燥しています。湛水する環境で生まれたイネとは異なり、乾燥地帯で生まれた小麦は湿気が多いところを嫌います。ところが日本では、本州、九州、四国で、水田に排水処理をほどこして、小麦を栽培しています。水田は、水を蓄える湛水力に富む反面、排水機能が弱く、小麦の栽培には注意が必要です。無頓着に栽培すると湿害が発生することがあります。

小麦は湿害を受けると、下葉が枯れたり収量が低下したり、外観品質の低下も起こります。また、粒が小さくなるので、胚乳に対して外皮の割合が増えてしまい、製粉する際の歩留りの低下、小麦粉の灰分の増加や色相の劣化、タンパク質含量の低下など、小麦粉にとって好ましくないことが起きてしまいます。

硬質小麦で、タンパク質が正常に蓄えられなかった場合は、黄白色のでんぷん質粒になり硬度が低下します。小麦を切断して電子顕微鏡で断面を見ると両者のでんぷんの詰まり方に違いがあることがわかります。正常な飴色の硬質小麦粒ではでんぷんとでんぷんの間にタンパク質などが密に詰まった構造をしていて小粒でんぷんはあまり目立ちませんが、黄白色のでんぷん質粒ではでんぷんが互いに独立していて小粒でんぷんもはっきり見えて疎に緩い構造をしていることがわかります。

また、遺伝的には同じ小麦であっても生育環境が悪いと、形状や性質が違ってしまいます。やはり、小麦の遺伝的な素質は大事ですが、それを上手く引き出すための栽培もとても大事であることがわかります。硬質小麦の栽培には、適切なタイミングでの施肥が必要であり、目標とするタンパク質を蓄えるだけの窒素分を与えることが重要です。

要点BOX

- ●小麦は湿害を受けると、下葉が枯れたり収量が低下したり、外観品質の低下も起こる
- ●良い小麦を育てるためには生育環境が重要

硬質小麦における澱粉質粒

矢印で示した
白く見える粒
（でんぷん質粒）

多くの小麦は濃く見える（硝子率の高い正常な粒）

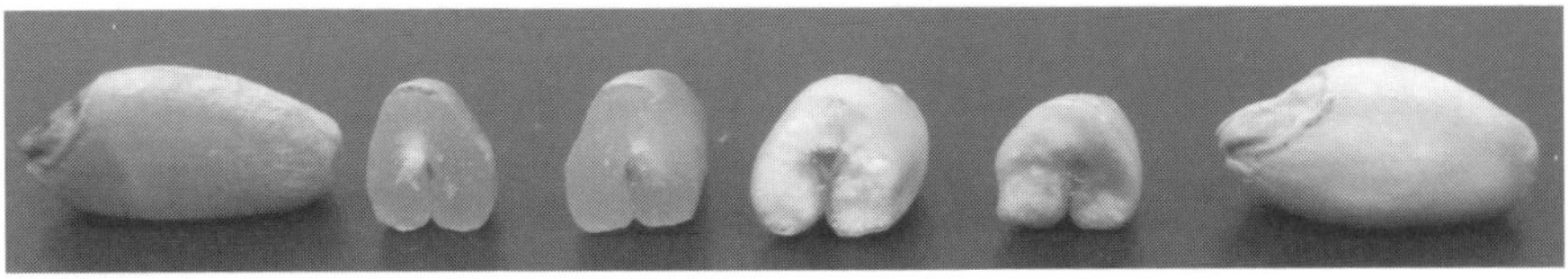

タンパク質が貯まった正常な粒は
飴色で、胚乳も詰まっている

タンパク質の含量が低い粒は
黄白色で、でんぷんがばらけて見える

電子顕微鏡で比べると…

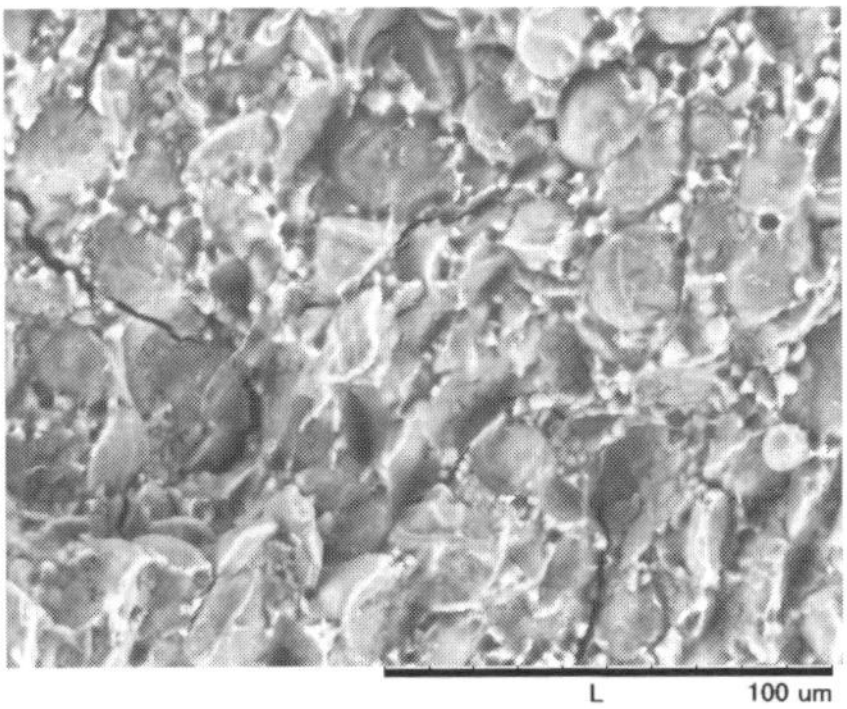

でんぷん粒が詰まって見える
緻密な構造

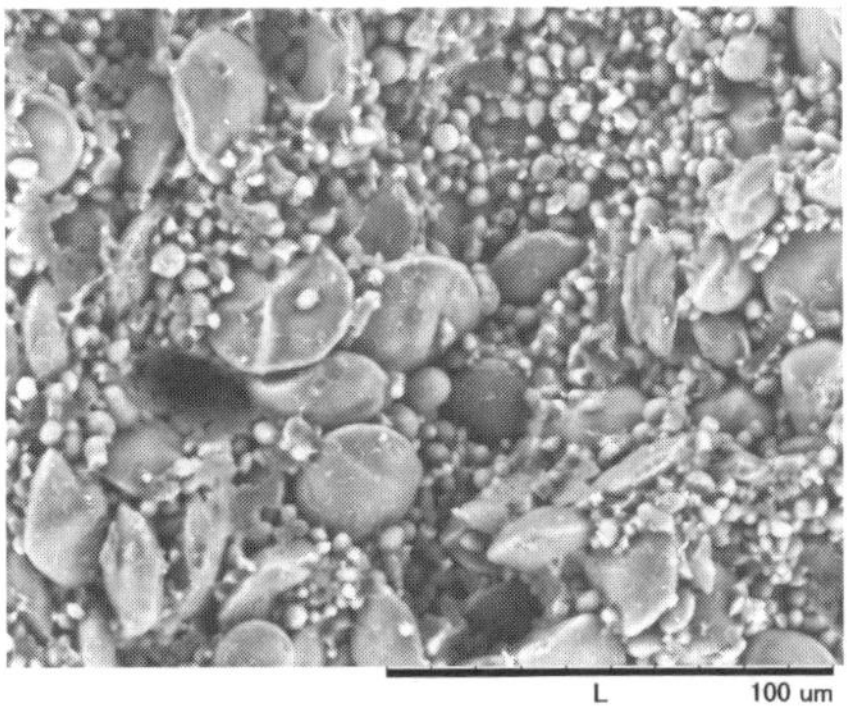

大粒でんぷんも小粒でんぷんも
個々の形がわかる疎な構造

用語解説

湿害：「土壌中の過剰水分に基づく土壌の空気不足に起因して作物が生育障害を起こす現象」と定義されている。

17 育ちで小麦粉は変ってしまう、雨と穂発芽

小麦は自然の賜物

小麦が生育するには、適切なタイミングで雨が必要です。秋に種を播いても土壌に水分がないと発芽できません。雨が降って土壌から水分を吸って小麦が膨らんで発芽となります。その反面、水が抜けないような多雨は生育にとってマイナスに働きます。通常冬季は、土壌の酸素不足により根の呼吸作用が阻害され、根の伸長が停止して養分吸収が減退します。

一方、春の地温が高い時には微生物の活動が活発となり、土壌の酸化還元電位が低下して土壌中に有害な物質が生じます。その結果根腐れ、壊死及び根の木化が起こり、最後は枯死するということになります。そのため、水田の排水性を高めるため、排水溝を掘ったり、土中に暗きょを施工したり、水の逃げ道を作る対策が欠かせません。水に流れがあれば、空気が供給されるので水耕栽培と同じで湿害が起きないとも言われています。

また、小麦は、水に覆われた湛水条件下では、根の皮層部分に通気組織が形成されますが、これには数日以上を要すため湿害を受けます。イネは湛水していなくても、通気組織を形成しているので湿害になり難く、さらに根は空気の漏れを防ぎやすくなっています。小麦の根は構造的に空気が漏れやすいので酸欠になって湿害が生じるとの報告もあります。将来、このような研究が進むと、排水の悪い畑でも元気な小麦が栽培できるようになるかも知れません。

黄金色の収穫期を迎えると、小麦は水気を嫌います。雨や霜に当ると小麦は穂に付いたまま発芽する「穂発芽」になってしまいます。写真に示すような穂発芽になると、植物は酵素を活性化させて、種子に蓄えたでんぷんやタンパク質を分解して生長するための栄養分を得ようとし、でんぷん分解酵素であるアミラーゼがでんぷん粒の表面に穴を空けてしまい、小麦粉には適さなくなります。健全な小麦を得るためには、雨が適当なタイミングで降ってくれる必要があります。

要点BOX
- 小麦が生育するには適切な雨が必要だが、排水が悪いと生育にとってマイナスに働く
- 収穫期を迎えると、小麦は水気を嫌う

穂発芽小麦とでんぷん

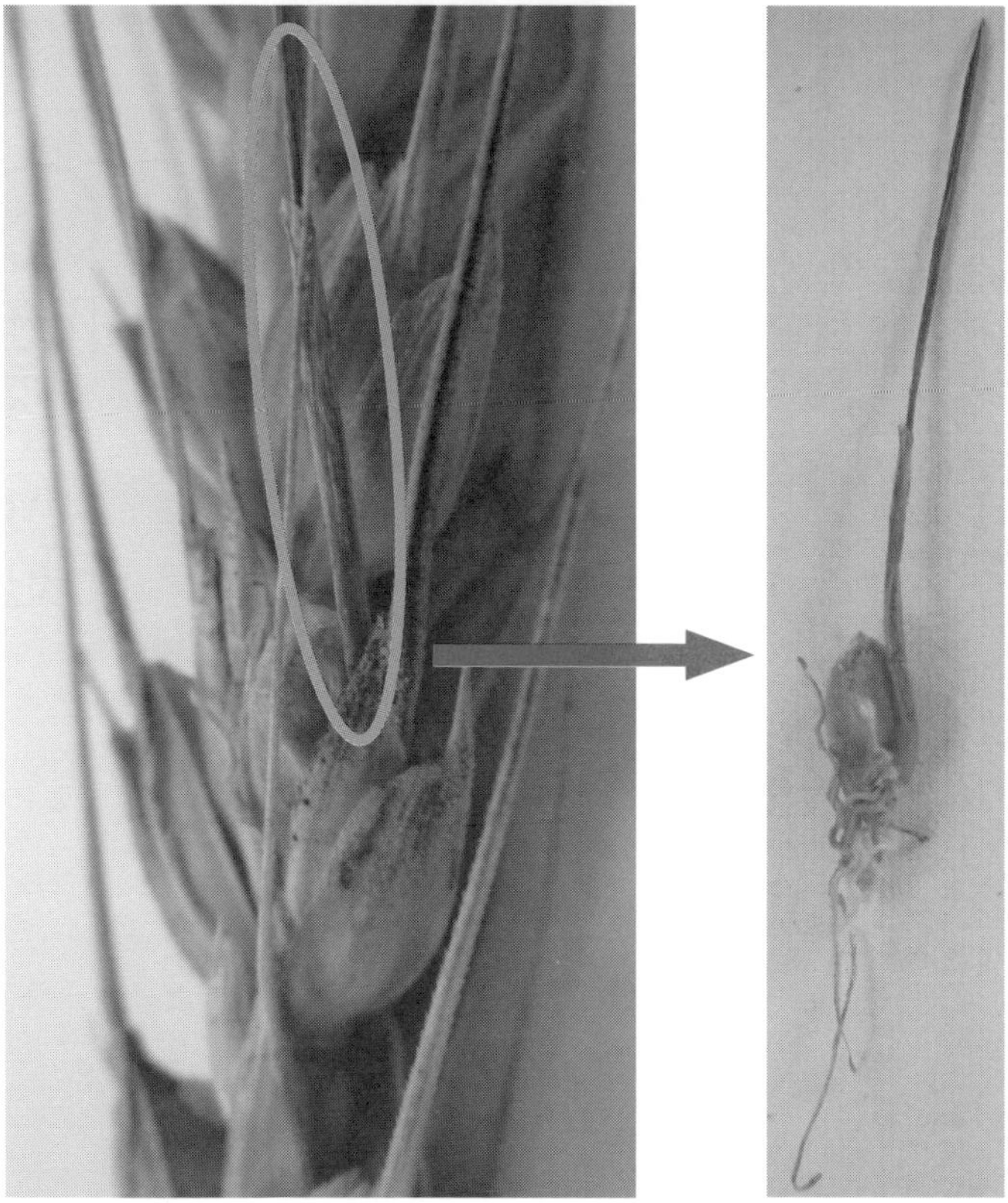

穂に付いたまま発芽し、緑色の芽が出ている

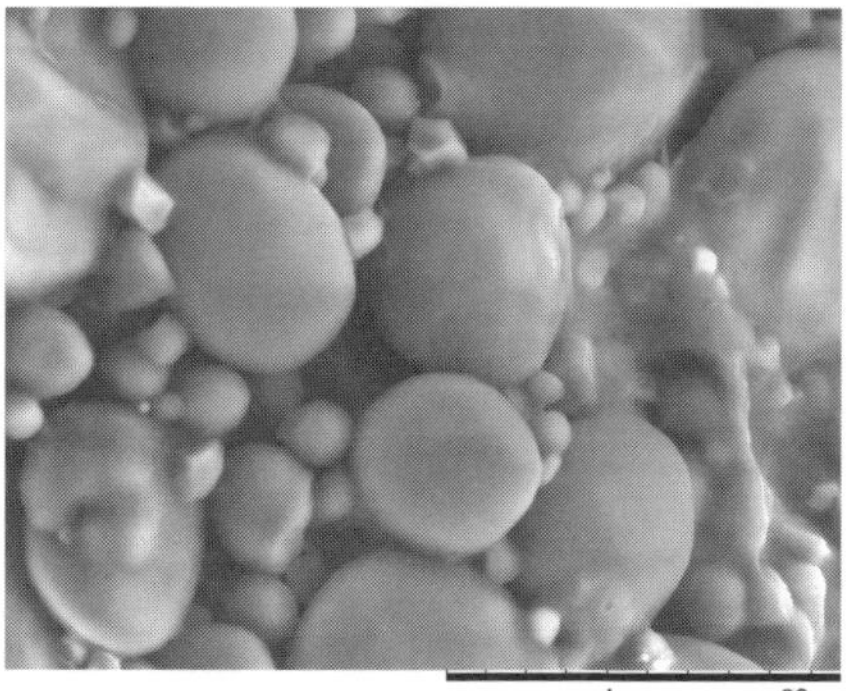

正常なでんぷん

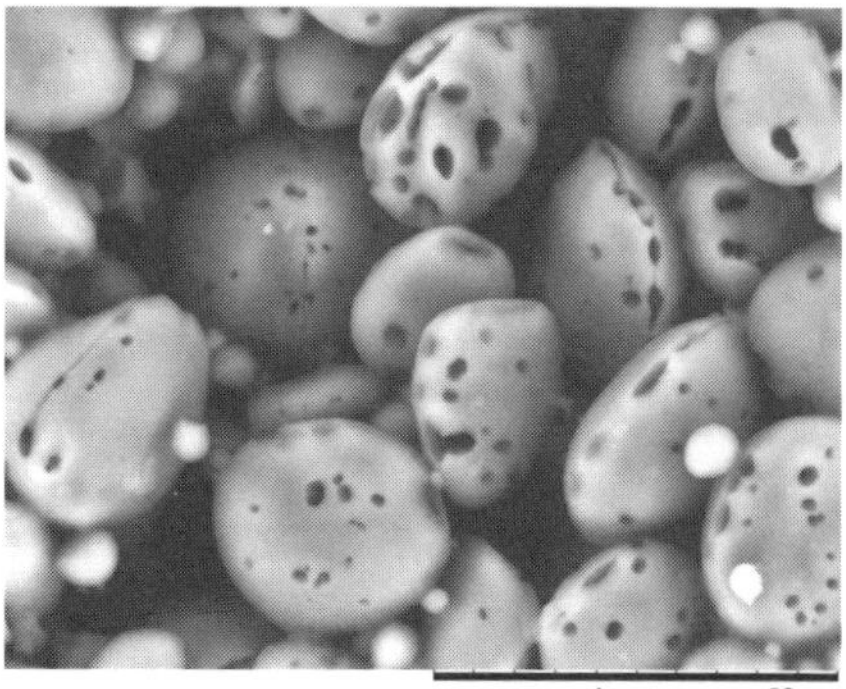

発芽して穴ができたでんぷん

18 遺伝子組換え小麦の噂、謎

社会に流通していないのに…

ときどき「小麦は遺伝子組換えされているので危険だ」という噂を聞くことがあります。トウモロコシや大豆は遺伝子組換え体が多く流通していますが、小麦では研究のために試験圃場で栽培されている他は、アルゼンチンとブラジルの2カ国で、アルゼンチンの企業バイオセレス（Bioceres）が作った乾燥地帯でも栽培できる干ばつストレス耐性を持ったHB4と言う遺伝子組換え小麦だけしか商業栽培は許可されていません。日本へ小麦を輸出しているアメリカ、カナダ、オーストラリアでは栽培は許可されていませんので、遺伝子組換え小麦が誤って日本向けの小麦に混ざることはありません。仮に日本で遺伝子組換え小麦を買いたくなっても入手困難です。まして、普通に出回ることもありません。

未承認の遺伝子組換え農作物が栽培用種子に混入した可能性がある場合は、日本では植物防疫所で、栽培用種子・苗の輸入時の検査を実施します。つまり、確実なのは今の日本で出回っている小麦は遺伝子組換え体ではないことです。

持続可能な農業の観点からアルゼンチンとブラジルが商業栽培を認めたバイオセレスのHB4小麦は、消費者に受容されるのかが課題です。それが、アメリカ、カナダ、オーストラリアが商業栽培を認めていない理由でしょう。

遺伝子組換えは、科学技術ですから具体的に何が起こっているのか理解するには周辺の知識が必要になります。

消費者や社会が受け容れない食品を農家や企業が提供することはありません。心配があるものを食べたくないのは私たちの当然の権利ですし、また、怪しげな話に行動を制限させられたり惑わされたりするのは賢明な選択とは言えません。私たちも、事実に基づいた科学的な情報を使って判断する努力が必要なのだと思います。

要点BOX

●遺伝子組み換え小麦が誤って日本向けの小麦に混ざることはない

遺伝子組換え小麦の使用の承認国と承認年

(1)遺伝子組換え小麦
(MON71800:グリホサート除草剤耐性、2022年1月現在)

国	食品用	飼料用	栽培
コロンビア	2004年	ー	ー
アメリカ	2004年	2004年	ー
オーストラリア	2004年	ー	ー
ニュージーランド	2004年	ー	ー

(2)遺伝子組換え小麦
(HB4:干ばつストレス耐性、2023年3月現在)

国	食品用	飼料用	栽培
アルゼンチン	2020年	2020年	2020年
ブラジル	2021年	2021年	2023年
コロンビア	2022年	2022年	ー
アメリカ	2022年	2022年	ー
オーストラリア	2022年	2022年	ー
ニュージーランド	2022年	2022年	ー
ナイジェリア	2022年	2022年	ー
南アフリカ	2022年	2022年	ー
インドネシア	ー	2023年	ー

Column

近代製粉の歩み①
「粉や」から製粉所へ

江戸中期(18世紀半ば)以後の都市においては、小麦粉を加工した食品が普及していました。関東をはじめ讃岐(香川県)、越後(新潟県)などの小麦は良質のうどん粉として評判であり、播州素麺(兵庫県)や三輪素麺(奈良県)、白石温麺(宮城県)も特産物として知られるようになっていました。それらの原材料は「粉や」が作った「うどん粉」であり、褐色で粒度も粗いものでした。明治期にパンや洋菓子も本格的に日本に入ってくると、「うどん粉」は品質的に不適であり、色が白くて細かな小麦粉「メリケン粉」が輸入されるようになりました。

日本の近代製粉は、明治になって西欧式の機械製粉を導入したことに始まります。他の工業と同様に殖産興業を急いだ明治政府によって着手され、明治9年(1876年)に北海道開拓使が北海道・札幌に設立した石臼製粉機を蒸気機関で動かすアメリカ式の「磨粉機械所」であり、明治12年(1879年)に大蔵省が東京・浅草蔵前に設立した石臼製粉機を蒸気機関で動かすフランス式の「製粉所」が始まりと言われています。

札幌の製粉所は、その後、農商務省に移り、明治18年(1885年)にロールミルが導入され、「札幌製粉所」「後藤製粉所」「札幌製粉会社」と名前を変えていきます。一方、浅草蔵前の製粉所は、上手くいかなかったようです。また、最初の民間の製粉会社として、雨宮敬次郎が明治12年(1879年)に東京・深川の小名木川畔に設立した石臼製粉機を蒸気機関で動かすアメリカ式の「泰靖社」があり、今は江東区に、民営機械製粉業発祥の地の記念碑が建っています。後に、日本製粉(現・ニップン)がこれらを継承することになります。

民間機械製粉業発祥の地の記念碑

小名木川に架かる新扇橋のたもとにある記念碑(東京都江東区扇橋1-20)

出典:株式会社ニップン

第3章

粗い小麦粉と細かい小麦粉の違いってなに?

19 薄力粉と強力粉ってどう違うの?

グルテンが膜を作る?

家庭でよく見かける小麦粉は、ケーキを焼いたり天ぷらの衣やトンカツの下地に使ったりする薄力粉(はくりきこ)と、ホームベーカリーでパンを焼いたりピザや餃子を作ったりする強力粉(きょうりきこ)ではないでしょうか。では、薄力粉と強力粉の「りき」とは何でしょう。これは小麦粉の最大の特徴であるグルテンタンパク質のことを指しています。

小麦粉を水で捏ねると、麺やパンを作る生地になります。この生地を水の中で洗い出すと、グルテンタンパク質の塊を取り出すことができます。

小麦粉をボウルに入れて「すりこぎ」で水を馴染ませるように捏ねても、薄力粉と強力粉のグルテンの違いが実感できます。薄力粉の生地は指で押しても戻りがない「弾力の弱い生地」ですが、強力粉の生地は同じように指で押すと復元力のある「弾力のある生地」になります。これを40℃位のぬるま湯に10分程度浸した後、手を使ってゆっくりと生地を揉み解すと白いでんぷんが洗い流されて、薄い黄色をした塊が見えてきます。これが強力・薄力の「りき」であるタンパク質、グルテンです。おおよそタンパク質含量の3倍のグルテンが取れます。8%のタンパク質含量の薄力粉だと24%位です。

取ったグルテンを引っ張るとグルテンの性質がよくわかります。薄力粉のグルテンはするりと伸びて戻る力も弱く、強力粉のグルテンは引っ張ったときに抵抗があり戻ろうとする弾力を感じます。

薄力粉では、グルテンが膜を作る性質を利用しないので、グルテンがしっかりしている必要はありません。一方、強力粉は、パン類を膨らませるためにイーストが出す炭酸ガスを保持するグルテン膜を作る必要があり、中華麺などでもしっかりとした食感を出すため、グルテンのネットワークを作る能力が重要です。これら手で感じた違いは、ミキシング中の生地状態を測定する機器(ファリノグラム)でも把握できます。

要点BOX

●ケーキを焼いたり天ぷらの衣やトンカツの下地に使ったりするのが薄力粉。ホームベーカリーでパンを焼いたりピザや餃子を作ったりするのが強力粉

小麦粉の種類と生地物性の特徴

(1)グルテン

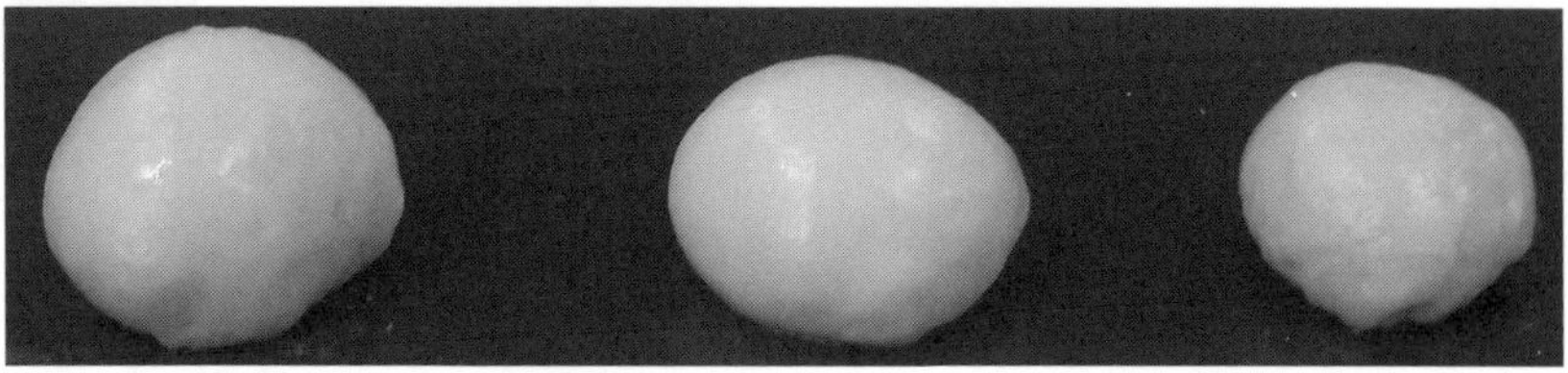

強力粉　中力粉　薄力粉

(2)ファリノグラム

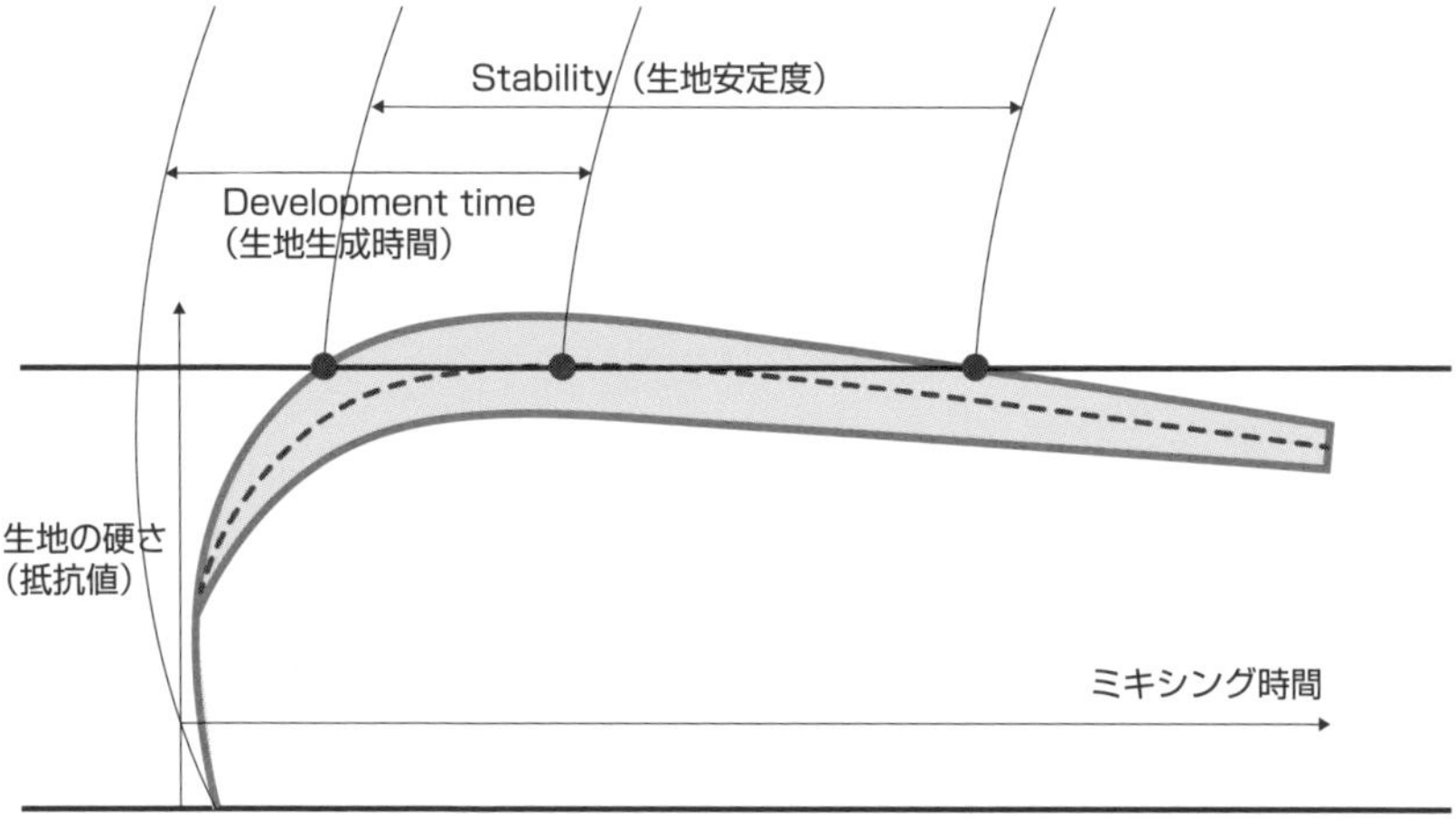

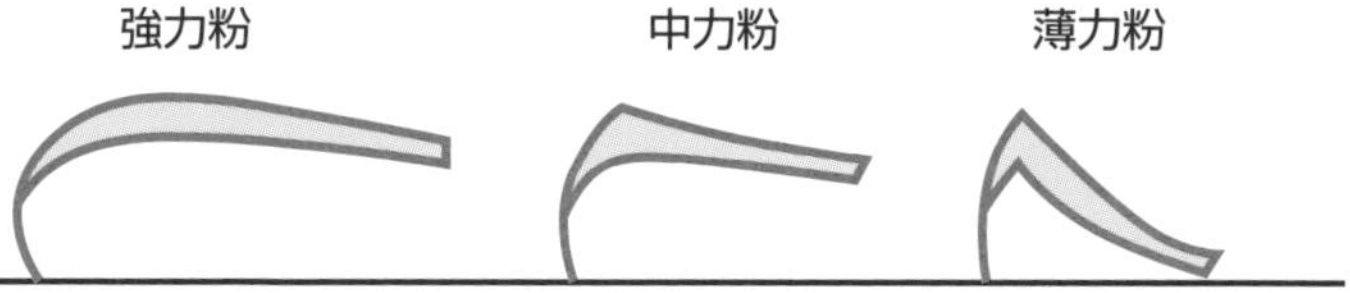

生地の生成は遅いが
ミキシング安定度が高い

生地の生成は早いが
ミキシング安定度が低い

20 小麦のタンパク質は、使い分けが必要

グルテンは貯蔵タンパク質

小麦のタンパク質は、溶解性の違いから、アルブミン、グロブリン、グリアジン、グルテニンに分類されます。グリアジンは主に分子量が約2万8000〜5万5000の1つのタンパク質が独立して存在する単量体のタンパク質であり、さらにα／β、γ、ωに分類され、粘着性が強く、伸びやすい性質があります。

グルテニンはタンパク質間でジスルフィド結合によって連結・凝集した構造を持っており、分子量は約50万から1000万を超える巨大なタンパク質です。グルテニンは弾力性が強く伸びにくい性質があります。

グリアジンとグルテニンの割合は、小麦の品種や育った環境で変わり、測定手法によっても違います。

これだけ簡単に取り出せるタンパク質ですが科学的な解明は十分ではないのには幾つかの理由があります。一つには、グルテンが植物体としての小麦にとって、生体機能性のタンパク質でなく、発芽の栄養を蓄える貯蔵タンパク質であるためです。

遺伝子でタンパク質が持つアミノ酸の並び方と長さがコードされていますが、複製時に自然に変異が生じ、アミノ酸が別のものに置き換わり、それに伴って生体機能を果たせなくなる可能性が高く淘汰されます。しかし、貯蔵タンパク質（24ページのコラム参照）であれば、少々遺伝的な変異があっても、タンパク質として蓄えられる役目は十分に果たせます。そのため、グルテンタンパク質には変異した多くの種類があり、解明するターゲットが分散されてしまいます。

また、グルテンタンパク質は人間が使う立場で分類しており、グルテンの役割は、パンを作る時と、うどんを作る時と、ケーキを作る時では、まったく異なります。

役割は評価する基準でもあるので、ある調理のために重要だったグルテンタンパク質が、他の調理の際にはどうでもよいということが起こるのです。

要点BOX

●小麦のタンパク質は、溶解性の違いから、アルブミン、グロブリン、グリアジン、グルテニンに分類される

グルテン成分の概要（反復構造と分子量）

		代表的な反復構造	分子量	割合%
α/βグリアジン	単量体	QPQPFP／PQQPYP	32kDa	13-35
γグリアジン	単量体	QQPQQPFP	35kDa	18-21
ωグリアジン	単量体	QQQFP	43-51kDa	11
LMWグルテニン	ポリマー	QQQPPFS	32kDa	24-48
HMWグルテニン	ポリマー	PGQGQQ	69-87kDa	9

グリアジンは、粘着性が強く、伸びやすい

グルテニンは、弾力が強く、伸びにくい

グルテニンの分子間結合（イメージ）

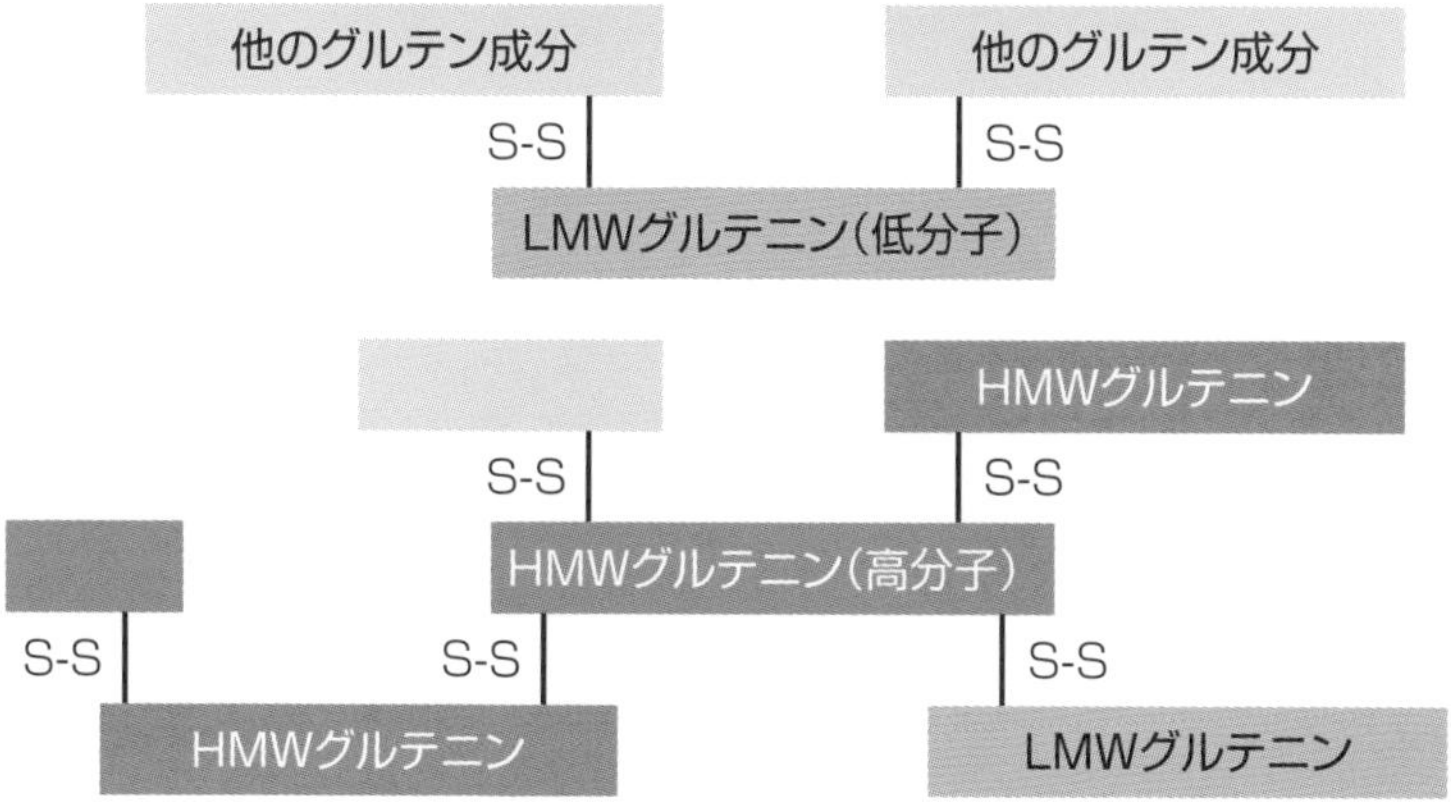

小麦のグルテニンは、分子間ジスルフィド結合（S-S）でネットワークを作ってゆく。 LMWは2本の結合で、HMWは4本の結合で広がる。

用語解説

ジスルフィド結合：タンパク質のシステイン側鎖のSHが2つ酸化で結びついた共有結合S-S（エスエス結合）。グルテンタンパク質の立体構造を安定させ、還元反応で切断される。

21 小麦粉は、用途とタンパク質含量で4つに分けられる

用途によって使い分け

小麦粉は、強力粉、準強力粉、中力粉、薄力粉の大きく4つに分けられます。各々の用途とおおよそのタンパク質含量は、強力粉は主にパン用途で11・5～13・0%、準強力粉は中華麺・菓子パン・フランスパンなどの用途で10・5～12・5%、中力粉は主にうどん・日本麺用途で7・5～10・5%、薄力粉は主に菓子・揚げ物・麺類などの用途で6・5～9・0%です。

それぞれの小麦粉に求められる性質も異なります。強力粉は、①吸水が良い、②生地の形成が良くてべた付きやダレが少ない、③ガス保持力があって大きなパンができる、ことが求められます。原料となる小麦は、タンパク質含量が多くて粘弾性と伸展性のあるグルテンを作ることができて、骨格を支えられるでんぷんを持つ、カナダの1CWやアメリカのDNS、SH、日本の「ゆめちから」や「春よ恋」などの硬質小麦です。

準強力粉は、①適度な弾力があり茹で伸びが遅い、②色が綺麗で変色が少ない、ことが求められます。原料となる小麦は、強力粉に近いタンパク質含量を持ち、褐変が遅いことが望まれ、強力粉と同じ原料に加え、オーストラリアの硬質小麦PHなどです。

中力粉は、①ソフトで粘弾性があって滑らか、②麺の色が綺麗、③煮崩れや茹で伸びが少ない、ことが求められます。原料となる小麦は、麺を繋ぐグルテンを形成でき、やや低アミロースのでんぷんで、胚乳が明るい、オーストラリアのASWや日本の「きたほなみ」「さとのそら」「シロガネコムギ」などです。

薄力粉は、①混ざり易く泡を保持できてケーキ体積が大きくキメは細かい、②クッキーの広がりが良くて口どけが良い、ことが求められます。原料となる小麦は、タンパク質含有量が少なく、粉砕され易く、アミラーゼ活性が低い、アメリカのWWや日本の「シロガネコムギ」「チクゴイズミ」などです。また、北海道ではケーキやクッキーに適した菓子専用の秋播き小麦品種「北見95号」も開発されています。

要点BOX

- 小麦粉は、強力粉、準強力粉、中力粉、薄力粉の大きく4つに分けられる
- 各々の用途にはそのタンパク質含量が関係する

主な日本の小麦と輸入される小麦と用途

用語解説

褐変:かっぺん(browning)には、切った林檎が茶色になるように、食品中のポリフェノール類が酵素的に酸化して重合反応などが起こる現象(酵素的褐変)と、パンを焼成したり味噌・醤油が色付くメイラード反応によるような現象(非酵素的褐変)がある。

22 硬質小麦と軟質小麦の違い

でんぷんの結び付きで決まる

小麦には、胚乳部分が緻密で硬い「硬質小麦」と胚乳部分が疎で柔らかい「軟質小麦」があります。硬質小麦でも、日照時間、気温、降雨量などの環境要因で窒素の蓄積が十分にできないと、タンパク質含量が低くなりでんぷんが粉っぽく溜まっているように見える「白粒」・「粉状質粒・でんぷん質粒」になります。

軟質小麦と硬質小麦は形態的にも遺伝的にも違いがあります。小麦粒を輪切りにして、走査型電子顕微鏡で観察すると、硬質小麦の胚乳はでんぷんが密にくっ付いていますが、軟質小麦の胚乳はでんぷんが緩やかにくっ付いたように見えます。これが粒の硬さと関係しています。また、外皮のふすまとの間の糊粉層が外皮に垂直方向に長い形をしています。軟質小麦のでんぷん粒表層には分子量13kDaのタンパク質ピュロインドリンPIN aとPIN bの2つが存在し、このタンパク質をコードする遺伝子の両方が正常に働いていますが、硬質小麦では少なくとも片方が正常に働いていません。PINがでんぷん粒表層にあるとでんぷんとでんぷんを結び付ける胚乳マトリックスの結合が弱くなり、小麦粒が軟質になります。これらの遺伝子は、小麦のDゲノム上にあるので、Dゲノムを持たないデュラム小麦はとても硬いのです。小麦の一粒ずつを小さなロールで砕く力を測定する試験機器（SKCS）を使って、主な小麦粒の硬さを比較すると、やはりカナダ産や国産のデュラム小麦（セトデュール）が大きな数値で硬いことがわかります。

硬質小麦は製粉される際に強い力が掛かり、でんぷんの表面に損傷を受けるので、水分を吸収しやすくなります。おおよそ、でんぷん自重の3倍程度の水分を吸うことができ、パンや中華麺などの生地の吸水性が高まります。一方、軟質小麦は製粉される際に容易に粒度が細かくなるので、でんぷん表面の損傷は小さく、菓子や揚げ物などに使われるバッター生地は流動性が良くなります。

要点BOX

- ●小麦には、軟質小麦と硬質小麦があり、形態的にも遺伝的にも違う
- ●でんぷんが、硬質小麦では密に、軟質小麦では緩やか

硬質小麦と軟質小麦の構造と小麦粒の硬さ

小麦の銘柄・品種	硬さ（SKCS）	粒の性質
カナダデュラム	94	硬質
1CW	75	硬質
DNS	78	硬質
SH	73	硬質
PH	81	硬質
ASW	59	中間
WW	34	軟質
セトデュール	98	硬質
ゆめちから	84	硬質
春よ恋	87	硬質
きたほなみ	36	軟質
シロガネコムギ	26	軟質
チクゴイズミ	21	軟質

小麦粒の外周部分

左の硬質小麦は密な構造、右の軟質小麦は疎な構造

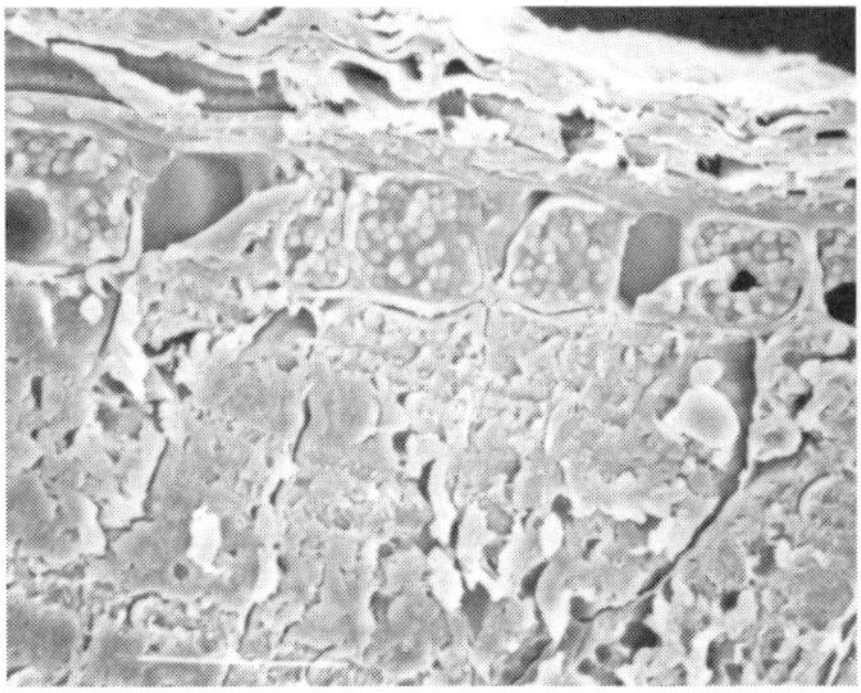

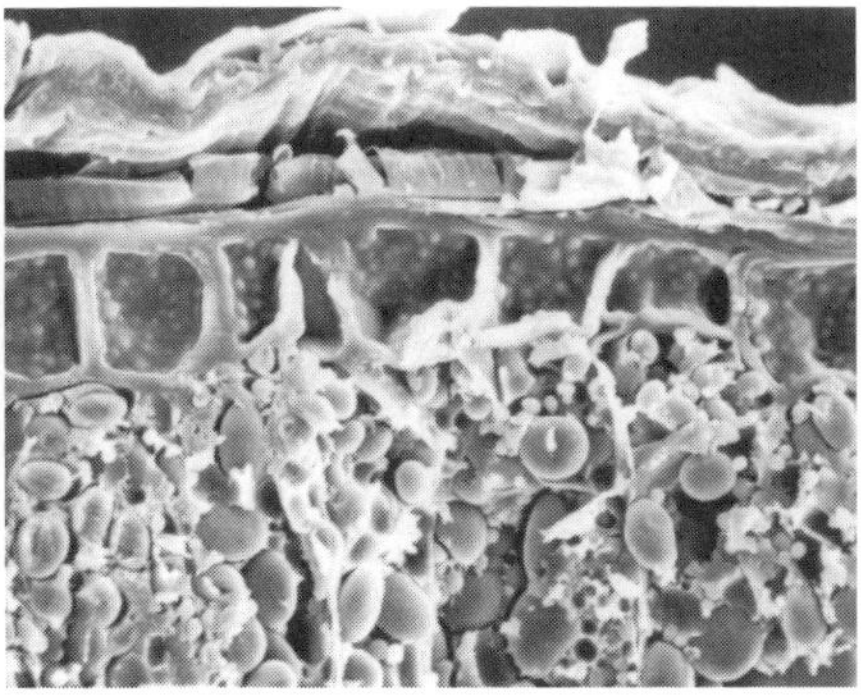

用語解説

バッター生地：天ぷら・たこ焼き・スポンジケーキなど、手で持てない流動性が高い生地をバッター生地（batter）と呼ぶ。パン生地・クッキー・イーストドーナツなど流動性の低い生地はドウ（dough）と呼ぶ。

23 小麦粉は、いろいろな小麦をブレンドして作られる

用途に合った小麦粉を作る

製粉会社では、いろいろな種類の小麦を購入して使っています。輸入している小麦銘柄だけでも7銘柄以上あり、日本産小麦も令和4年に3000トン以上の銘柄だけで30種類ほどあります。これら入荷した小麦を、1種類だけ使って製粉することもありますが、多くの場合その用途に応じて、複数の種類の小麦をブレンドして使ます。

ブレンドするメリットは幾つかありますが、栽培環境の影響を受けて小麦の品質は入荷したロット毎に振れます。入荷した小麦の品質を見ながら、小麦を複数組合せることで、品質の振れ幅を小さく抑えることができます。かならずしも上手くいって完全に振れがゼロにはなりませんが、品質を一定に近づけることが製粉の一つの役割なのです。

複数の小麦を組合せるもう一つの大きな魅力は、品質が違う小麦粉を作り出せることです。例えば、食パン用の小麦粉を作る際に、カナダの1CWだけを使って製粉してもよいのですが、1CWとアメリカのDNSを組合せることで、より扱い易い生地性を持ったパン用小麦粉を作ることができます。これに、SHを入れるとバリエーションが広がります。小麦粉の品質安定・品質調整は、「小麦の選択」×「ブレンド割合」×「製粉上の調整」、と表すことができます。仮に、小麦を3種類(1CW、DNS、SH)、ブレンド割合を3種(50：30：20、30：20：50、20：50：30)として、1等粉や2等粉の割合といった製粉上の調整を10種類とすると、90種類の小麦粉を作り出すことができます。これが単一の銘柄小麦を使ったのであれば、製粉上の調整の10種類だけになってしまいます。現実には、製粉上の調整やブレンド割合はもっと多くの選択肢があるのでパン用小麦粉だけで数百以上の小麦粉を作ることができます。このように、調整する変数が増えることで、用途に合った色々な小麦粉を作り出すことができるのです。

要点BOX

●小麦は、複数の種類をブレンドして使うことが普通
●調整する変数が増えることで、用途に合った色々な小麦粉を作り出すことができる

小麦粉の主な用途

強力粉	準強力粉	中力粉	薄力粉	デュラム セモリナ
食パン	食パン 菓子パン フランスパン 中華麺	うどん ひやむぎ そうめん ビスケット 和菓子	天ぷら カステラ ケーキ ビスケット 和菓子	スパゲッティ マカロニ
焼き麩、かりんとう、グルテン、でんぷん			駄菓子、糊	
接着剤、飼料				

小麦粉の等級別部位

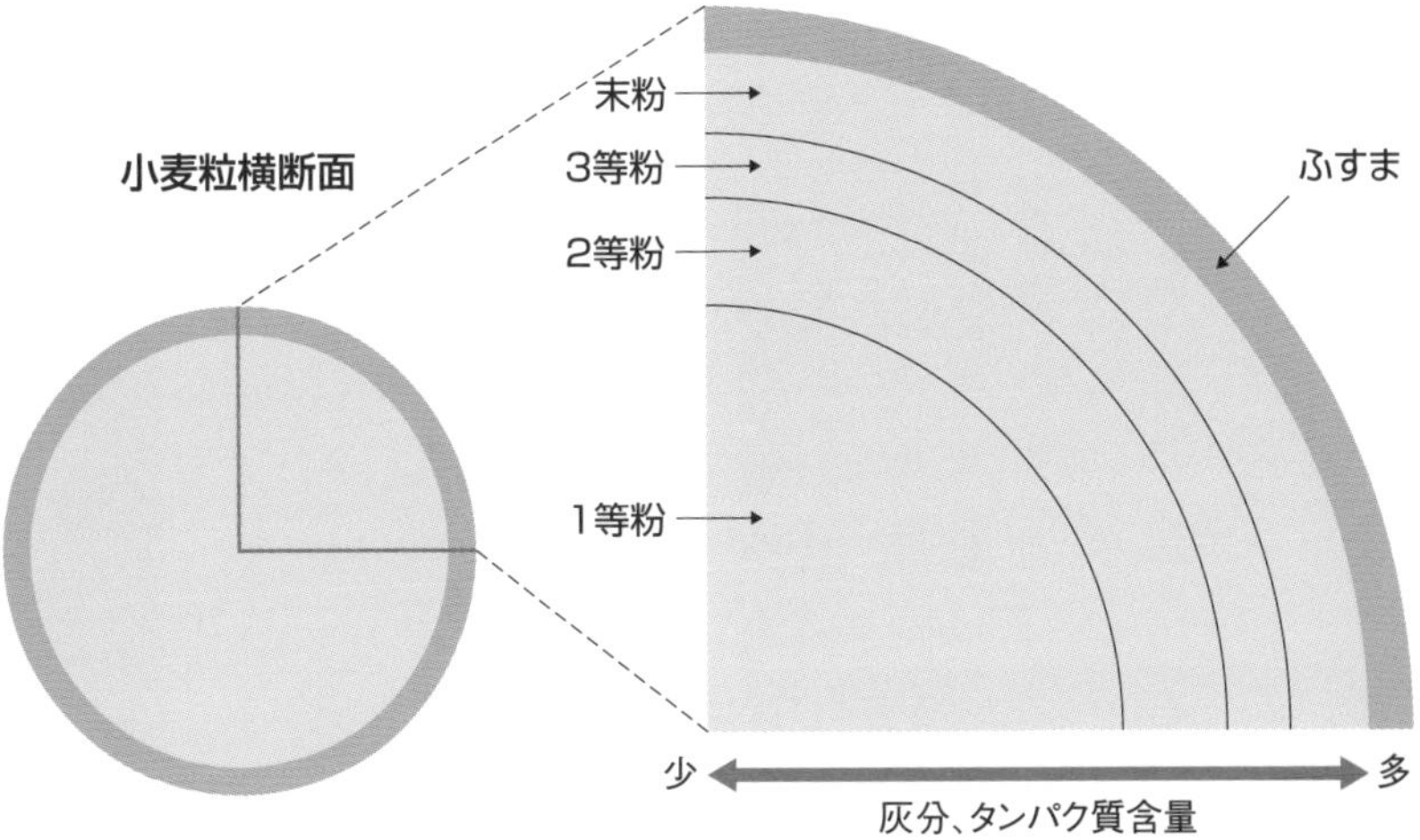

24 小麦粉にも賞味期限はある

冷蔵庫で保存しない

小麦粉の賞味期限は、未開封の状態で薄力粉と中力粉は製造から1年、強力粉は6ヵ月に設定されています。小麦粉は冷蔵庫には入れず、密封して涼しく光の当らない場所で保存していただくことが望まれます。その理由としては、小麦粉が細かな粒子の集まりだというのが関係しています。冷蔵庫に保存すると、細かな粒子の集まりの小麦粉は表面積が大きく、冷蔵庫内の匂いを吸着してしまいます。また、冷蔵庫の出し入れで、外部と内部の温度差が生じ、結露を起こしてしまい、塊やカビなどの発生の原因になります。そのため、冷蔵庫での保存は、お勧めできません。密封して保存することで、匂いの吸着や湿気の吸収を避けることができます。キッチンにはお酢や香辛料、洗剤など匂いの強いものが沢山あります。小麦粉は長期間保存すると、相対湿度と平衡になります。例えば湿度60%に小麦粉を置くと、水分活性が0・6に近づきます。これは、水分13%～14%程度に相当します。乾燥に強い(耐乾性)カビが生育できるかできないかの限界の水分活性ですから、通常のカビが生えることはありませんが、湿度がさらに高くなると、水分を吸収してカビが発生する可能性が高くなってしまいます。

また、密封すると虫の侵入も抑えることができます。小麦粉によく付く小さな虫は、目立たないだけで家の内に住んでいて、隙間を見つけて小麦粉に侵入してしまいます。これらの虫は、酸素のない状態では生育できません。コクヌストモドキの幼虫と成虫を小麦粉と一緒に小さな容器に入れて、通気性のある栓と密封栓で飼って確かめたことがあります。密封栓した小さな容器では虫は酸素を消費して直ぐに死んでしまいましたが、通気性のあるものでは、元気に生育して卵を産んで世代交代しました。密封容器に入れることは、匂いの吸着や湿気を防ぎ、虫の侵入や生育も防ぐので、小麦粉の保存にとても有効です。

要点BOX

- 小麦粉を密封容器に入れて保存することは、匂いの吸着や湿気を防ぎ、虫の侵入や生育を防ぐのでとても大切

小麦粉は冷蔵庫で保存しない

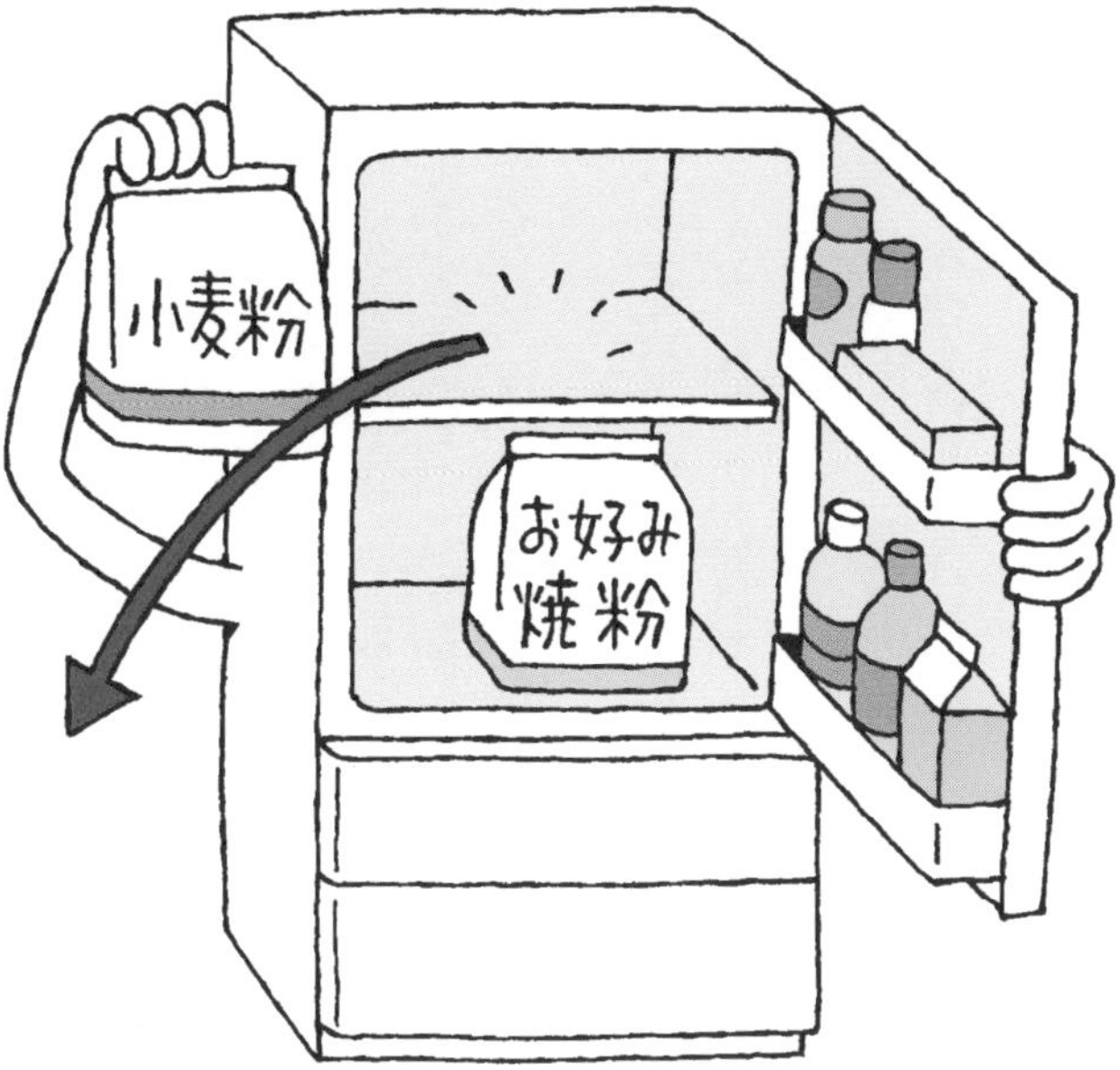

小麦粉は冷蔵庫では保存しない
お好み焼粉などのミックスは冷蔵庫で保存する

小麦粉は密封して虫から守る

虫やダニから守るため、密封容器に入れましょう

25 小麦粉の賞味期限はどう決める

密封して涼しく
光の当たらない場所へ

小麦粉の賞味期限は、どうやって決めるのでしょう、また、どうして涼しく保つのが良いのでしょう。

小麦粉もいろいろな成分からできています。保存中に起きる変化は化学反応であり、温度が高くなると反応速度は大きくなります。逆に温度を下げると反応速度は小さくなり、保存中の変化は抑えられます。

この現象は、アレニウスの式で説明されることが多く、物によって区々ですが、温度が10℃高くなると、2～3倍に速度が上昇します。この速度上昇を利用して高い温度で食品を保存して化学変化を促進させ、短い保存期間で保存性を確かめる試験を行うこともあります。

小麦粉も他の食品と同じく保存中の変化を、理化学試験（水分、pH、水溶性酸度、色調）、微生物試験（かび数）、官能試験（スポンジケーキ、製パンなど）で調べて、賞味期限を決めています。

他の小麦粉関連の商品の賞味期限も、研究開発と品質保証の部署が話し合いながら時間の経過に伴って変化する項目を検査して、変化が許容範囲内であるかを調べています。

また、光の紫外線は、化学結合よりも大きなエネルギーを持っていますし、酸素をラジカルに変えて酸化を促進させることもできるので、食品にとって大敵です。

小麦粉には2％に満たない脂質しか含まれていませんが、酸化するとツンとした匂いとピリッとした刺激が生じます。

賞味期限は食品ロスをなくす観点からも長く設定する方がよいのですが、製造、加工、販売を通して、消費者に商品の品質を保証できることを考えて、最終的な賞味期限が決められています。しかし、賞味期限を超えても、これらの品質が一気に駄目になるわけではありません。

要点BOX

●小麦粉も他の食品と同じく、保存中の変化を、理化学試験、官能試験で調べて、賞味期限を決めている

反応速度と保存試験の関係

化学反応の速度は、温度の上昇とともに急激に増加し、速度定数 k と温度の関係は、1889 年にアレニウス(Svante Arrhenius) が提案した

$$k = A\exp(-E_a / RT)$$

A は頻度因子
E_a は活性化エネルギー
R は気体定数 (8.31J/mol/K)
T は絶対温度 (K 、ケルビン)

対数形式に変換すると、

$$\mathrm{Ln}k = \ln A - E_a / RT$$

Lnkを縦軸に、絶対温度の逆数($1/T$)を横軸にプロットすると直線が得られ、その傾きは活性化エネルギーを気体定数で割ったもの (E_a/R) になる。このグラフは、アレニウス・プロットと呼ばれ、温度を変化させたときの反応速度を予測できる

温度を高くすると、反応が速く進み、短い時間で変化を調べるとができる

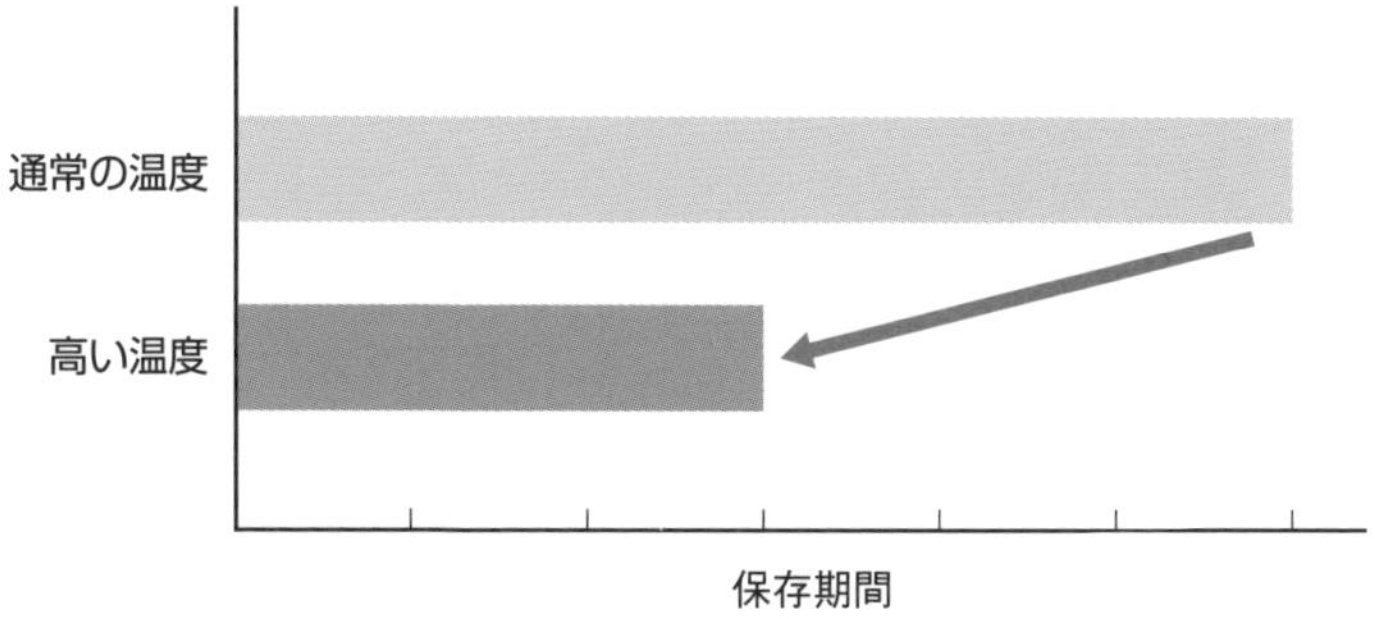

※食品は複雑系なので、実際には難しく、参考にする程度にとどめるなど、注意が必要

用語解説

賞味期限：おいしく食べることができる期限 (Best Before) で、定められた方法により保存した場合に、期待されるすべての品質が十分に保持されると認められる期限。

26 新鮮な小麦粉 枯れた小麦粉

少し落ち着かせてから製粉

小麦は植物の種子なので、小麦粒の細胞内には発芽するための酵素が含まれており、特に、収穫して間もない小麦には未だ植物体として酵素活性が強く残っています。収穫したての小麦を製粉すると、生地が柔らかくなったり、べた付いたりすることもあります。そのため、少し落着かせてから製粉しますが、普通に流通している小麦は、収穫から実際に製粉工場で使うようになるまで、日本産でも、アメリカ、カナダ、オーストラリアから貨物船で輸入しているものであっても、数カ月以上経過しています。この間に自然の熟成が進んで安定した状態になりますので、すでに安定化した小麦を使って小麦粉を作っていることになります。さらに、製粉するとロールで粉砕され、篩いを通り、ニューマチックコンベアで空気の流れに乗って移動し、タンクで蓄えられます。粉砕されて粒度が細かくなり、重量当たりの表面積が大きくなった小麦粉は、大量の空気と接することで、自然酸化が急速に進みます。製粉振興会によると、1〜2日で急速に熟成が進み、製粉後7〜11日で化学的な変化が終了するとしています。「製粉後3日くらいで実際の製パン上はほとんど問題のない」ということです。

また、空気による酸化は徐々に進むため、気温の低い場所で、密封して保存することが、小麦粉を保存する際に必要なことです。酸化の程度が大きくなると、グルテンや脂質が痛み、加工性が悪くなることがあります。製粉協会では、強力粉で6ヵ月、薄力粉で1年を、賞味期限の目安にしています。

家庭や職人さんが使う場合は、多少いつもと違った小麦粉でも調整が利くのですが、規模が大きく機械的に製品を作る工場では臨機応変に対応することは難しく、製粉会社では、こうした振れを少しでも小さくするために、小麦の品質確認を行って、小麦粉の製造計画、できた小麦粉の管理を行い、できる限り安定した品質の小麦粉を提供しています。

要点BOX

- ●収穫して間もない小麦は植物体としての活性が強い
- ●自然の熟成が進んで安定した状態になった小麦を使って小麦粉を作る

新鮮な小麦から落着きのある小麦粉へ

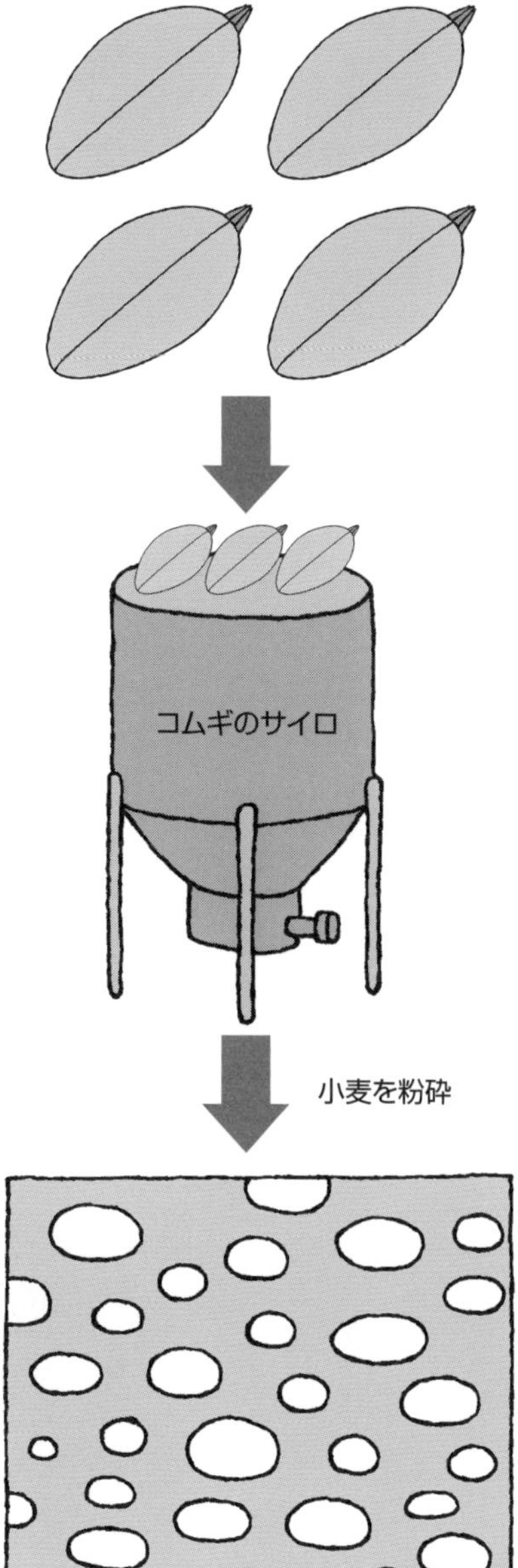

小麦は、植物の種子として、酵素類の活性化などの発芽準備をコントロール

小麦は、収穫・乾燥・保存中に安定化する

小麦は、粉砕されて小麦粉になると表面積が大きくなり、空気による酸化が進む
➡加工性が、さらに安定化し落着く

27 小麦粉は篩って使う

だまができる、穴が詰まる、ムラができる

小麦粉は、小麦が粉砕されたもので、一般には、篩われ、百数十マイクロメートルよりも細かな粒子のでんぷん、タンパク質、ふすま、細胞間質、それらの複合体で形成されています。

小麦粉の分布は、使用した小麦の種類だけでなく、製粉方法にも依存しています。

原料となる小麦の中でも、多糖類のアラビノキシランが多いものは篩抜けが悪く、少ないものは篩抜けが良いとされていて、遺伝的にアラビノキシランの少ない小麦の育種もされています。

小麦粉はでんぷんとタンパク質とふすまと細胞間質と脂質の複合体であるため、付着性が強く、粒子の形も球体ではなく、捉えるのが容易ではない粉体です。

小麦粉は、水分が高い、静電気で凝集、圧力などの理由で、だま（英語でlump）になり易く、篩いで篩っても、表面の付着力、篩に載せた量が多い、振動が弱いなど、時として篩いの目が詰まってしまいます。

篩いの効率を良くするための方法として、次の方法があります。①振動を強くする、②ブラシで目詰まりを除きながら篩う、③篩いの網目を篩い抜けの良いものに変える、などです。

小麦粉は水分が高いと粘性が増して、篩いを通り難くなります。脂質が多くても同じです。小麦粉を手で握ると、塊になりますが、水分が低い乾燥した小麦粉や、粒度が粗い小麦粉は、さらっとして塊になりません。

薄力粉は、だまになりやすいのですが、細かい方が天ぷらのバッターにしろ、ケーキの生地にしろ、好まれます。水に分散して使う場合は、面倒でも、篩って使うことが望ましいと言えます。

篩わずにだまになりにくい小麦粉が製粉各社から発売されています。造粒して粗くしたり、細かい部分をカットしたり、工夫を凝らした小麦粉です。

要点BOX
- 小麦粉の分布は、使用した小麦の種類だけでなく、製粉方法にも依存
- 篩わずにだまになりにくい小麦粉がでている

小麦粉の細かさと凝集性(塊・だま)

力を加えると塊(だま)になる薄力粉(左)と、さらさらしている強力粉(右)

篩いに塊(だま)が残りやすい薄力粉(左)と、さらさらしている強力粉(右)

篩わなくしても塊(だま)になりにくい
薄力粉も販売されている

出典:株式会社ニップン

用語解説

篩抜け:篩いの目を通り抜ける量が多いほど、篩抜けが良いと言う。篩いの網に、粉体が付着する接点が小さいと篩い抜けは良く、粒度が粗いとさらさらして篩抜けは良くなる。細胞壁多糖のアラビノキシランは細胞を壊れにくくするので、篩抜けが悪くなる原因の一つ。

28 小麦粉のでんぷんは、硬くて脆い

うどんにはやや低アミロース

小麦粉のでんぷんは、馬鈴薯のでんぷんよりも硬くて脆い性質があります。でんぷんもグルテンと同様に未だ解明されていないことが多くあります。

アミロースは、グルコースがα1，4結合で直鎖状に長くつながっています。重合度は1000程度（グルコースが1000個）で、糊になり難く老化しやすい性質があります。ところどころに分岐鎖があり、らせん状ででんぷんの非晶領域に存在すると言われています。

アミロペクチンは、グルコースがアミロースと同様に直鎖状につながっていますが、途中にα1，6結合で分枝し重合度20以下の短い分枝鎖を持っており、分枝鎖は二重らせんを形成しています。分岐と直鎖部分は房状のクラスター構造になっていて、分岐は非晶質分枝鎖は結晶領域を形成しています。そのクラスター構造が成長リングの間に層状に存在します。アミロペクチンは糊化しやすく、老化し難い性質があります。アミロペクチンは巨大で、重合度は1～100万程度あります。

老化は、水とでんぷん鎖が結合して糊化したものが、水が取れてでんぷん鎖同士が結合して起こる現象と言われています。この時、アミロースが多いと硬く、アミロペクチンが多いと弾力を保ったままになります。

もち米やタピオカのでんぷんはアミロースの割合が低く、柔らかく粘りがあり、老化も遅い性質があります。コーンスターチは、アミロースの割合が高く、硬く脆く、老化が早い性質があります。小麦や馬鈴薯のでんぷんは、これらの間に位置します。アミロースの割合が低い方が、弾力がありますから、うどんには低アミロースのでんぷんが向きますので、日本で育種されるうどん用の品種は、やや低アミロースの性質を持っています。オーストラリアのうどん用に開発されたヌードル品種もやや低アミロースで、うどん用小麦ASWの主要な品種となっています。

要点BOX

- 小麦粉のでんぷんは、馬鈴薯のでんぷんよりも硬くて脆い
- でんぷんは、水を加えて加熱すると膨潤して糊化

でんぷんの構造(大きさのイメージ)

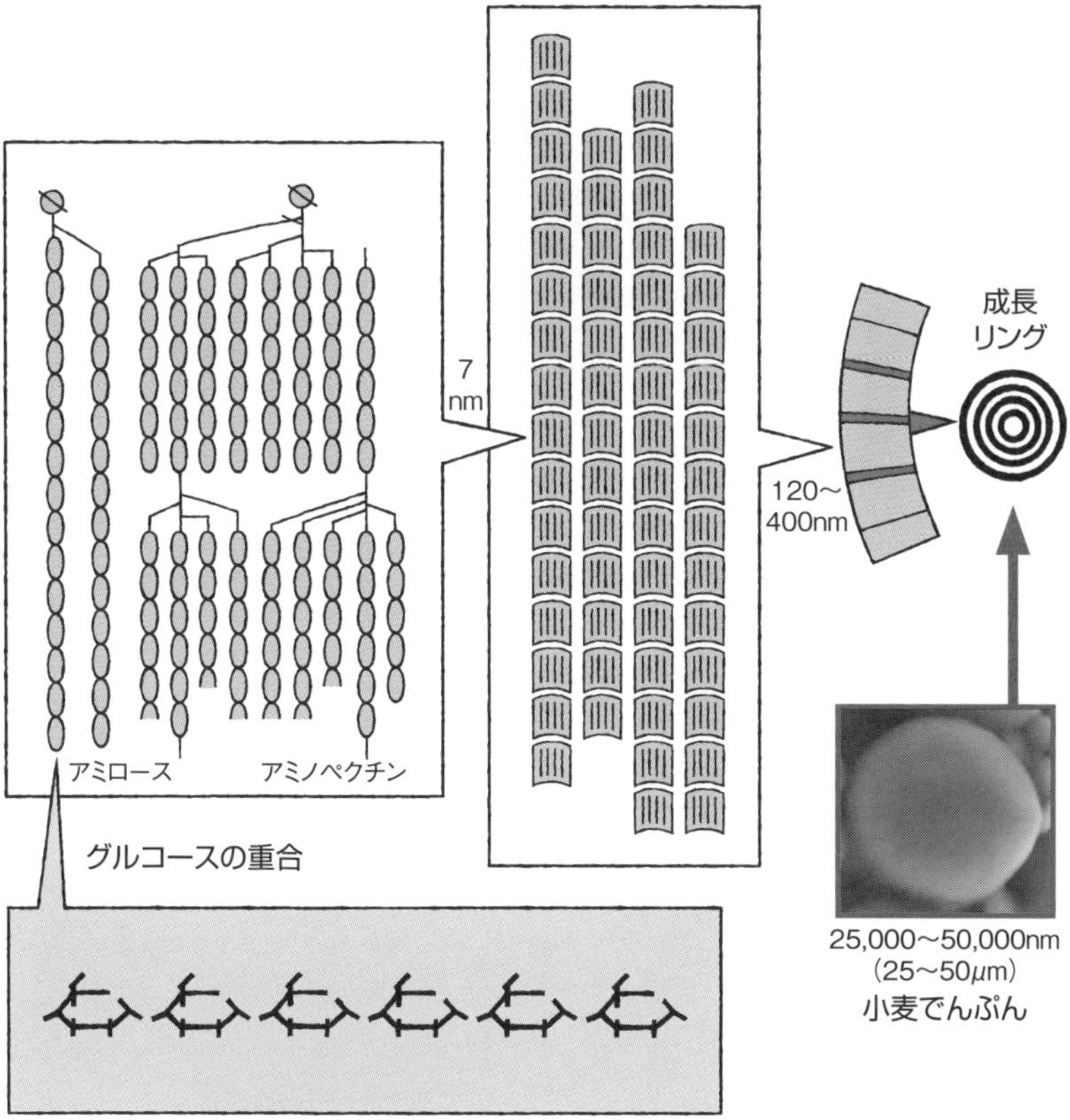

でんぷんの結晶構造(偏光十字)の喪失

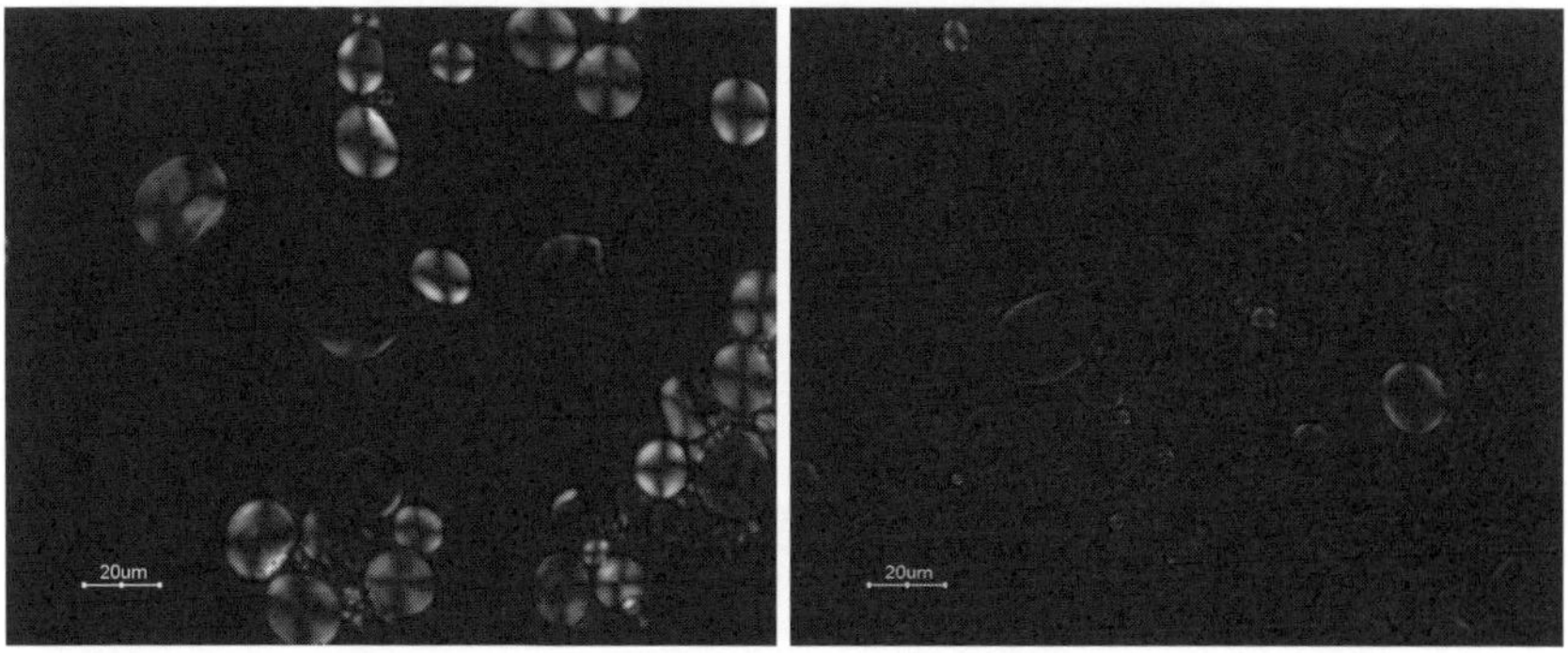

未加熱のでんぷん(左)では偏光十字が見えるが、加熱のでんぷん(右)では見えない

29 日が経っても硬くならないパン

アミロース、アミロペクチン側鎖構造と合成酵素

パンは日にちが経つとどうして硬くなるのでしょうか？　食パンで考えると、中心のクラムよりも、外側の耳の部分（クラスト）は水分が低くなっています。時間が経つと水分は均一になろうとするため、クラムからクラストに水分が移動し、クラムの水分が低下します。また、空気中にも水分が蒸発します。こうしてクラムは水分を失って硬くなります。

また、クラストを切り取ったクラムでもでんぷんが老化するため硬くなります。でんぷんの老化ですが、でんぷん中のアミロースの直鎖分子のグルコース重合度が150～200の時が最も老化が早いと言われています。老化したでんぷんは、熱を加えると回復するので、私たちは、トーストや電子レンジに掛けて、50～60℃以上に暖めることで老化を回復させて食べているのです。ただし、水分が30％以下になったものでは、老化は回復しません。

諸説ありますが、老化は、α化したでんぷんが再びβ化することで起きていると考えられています。そのため、従来からパンの老化を遅らせるため、でんぷんのβ化抑制目的で添加物を加えることがあります。乳化剤は、焼成によってでんぷん粒から溶出したアミロースや、でんぷん粒内のアミロース、アミロペクチンとも複合体を形成し、結晶化を阻害する役割を果たします。酵素のアミラーゼは、でんぷんのアミロース・アミロペクチンの鎖を製パン工程中に分解することでβ化（再結晶化）を防いで、老化を抑制します。乳化剤と酵素は、異なる作用機構でクラムを柔らかくしています。

乳化剤や酵素を添加せずに、小麦のでんぷんを改質することでも、老化の抑制が可能になってきました。でんぷん合成酵素の一部が欠損した新形質の小麦は、アミロース割合が低く、アミロペクチンの外側の枝が短い構造を持っています。そのため日にちが経ってもパンのクラムの柔らかさが維持されます。

要点BOX

- クラストを切り取ったパンでも硬くなるのは、でんぷんの老化のため
- でんぷんを改質することで、老化の抑制が可能

でんぷんの老化とパンの硬さ

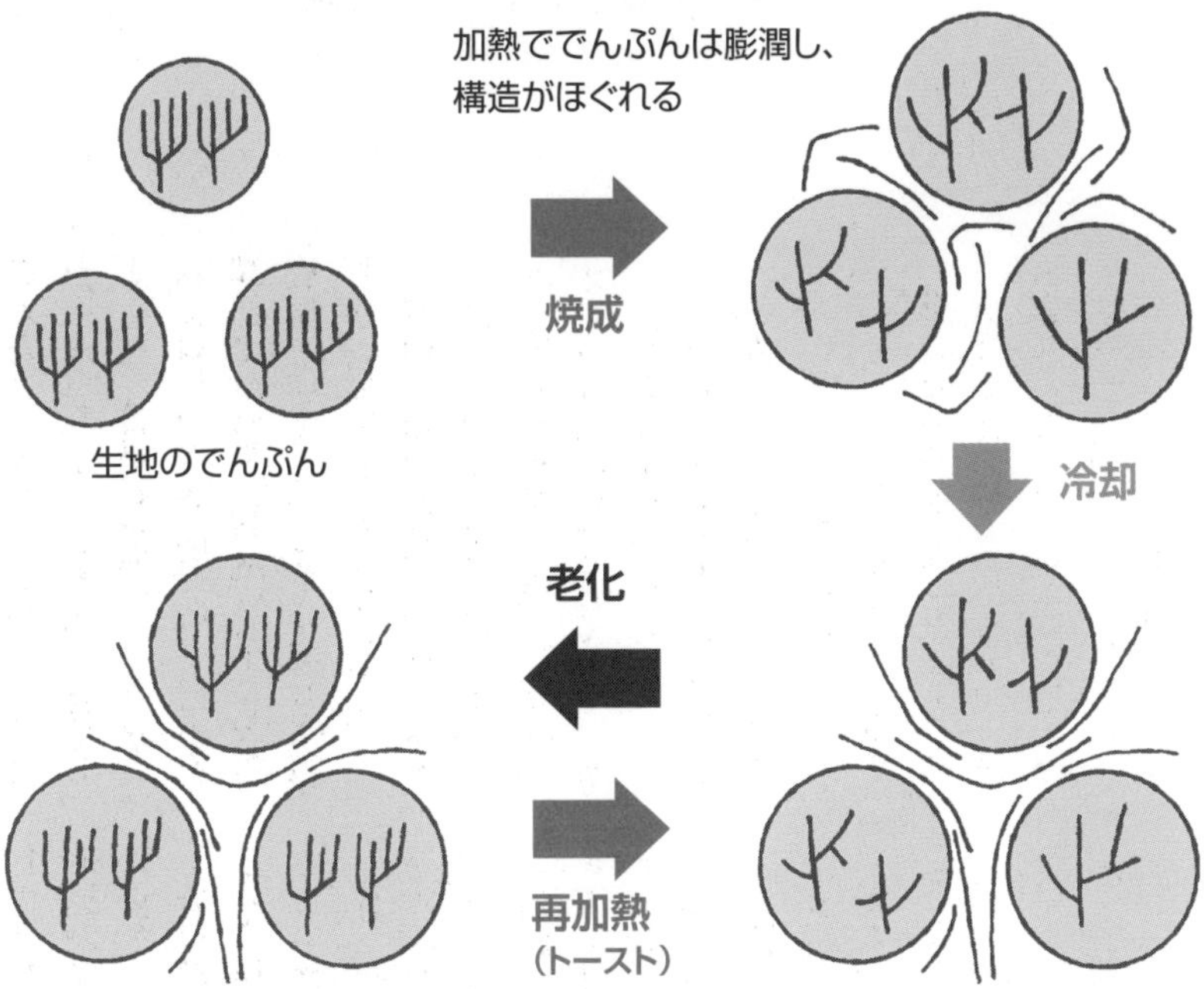

老化して硬くなったでんぷんは、再加熱で構造がほぐれ柔らかくなる

でんぷんが老化しにくいパン

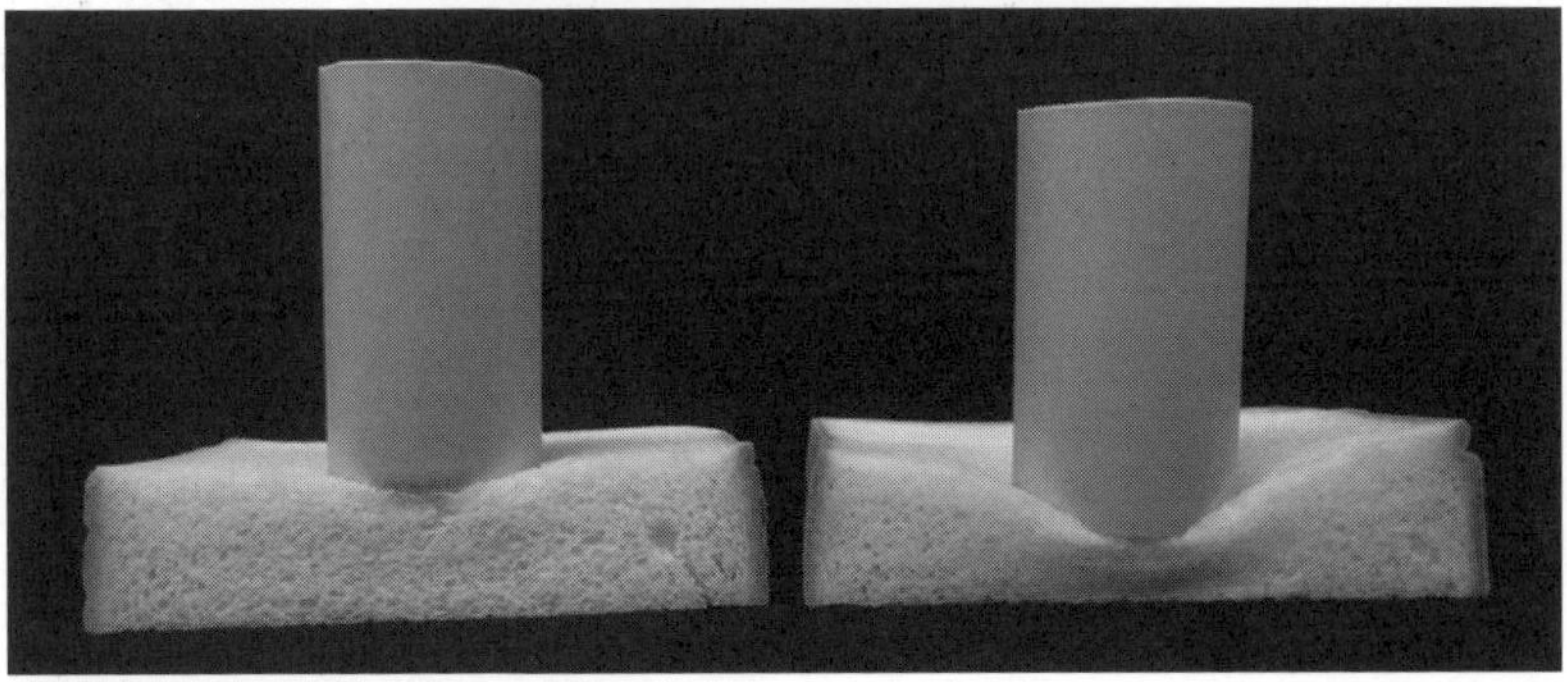

同じ重さの重りを載せた3日経ったパン
普通の小麦(左)は硬くなって沈まないが、新形質の小麦(右)は柔らかく沈み込む

用語解説

クラム:パンの内相(crumb)。気泡(cell)のきめ・すだち(grain)が見た目に影響して、細かいと明るく、粗いと暗く見える。パンの周辺部、食パンの耳にあたる部分はクラスト(crust)と呼ばれる。

Column

近代製粉の歩み②
製粉企業の勃興

日本製粉（現・株式会社ニップン）の前身となる東京製粉合資会社が明治27年（1894年）に発足しました。日清戦争期に、メリケン粉に対抗できる品質の小麦粉を製造するため、新式のロール製粉機械を据え付けた本格的な機械製粉工場が必要となりました。

製粉技術的な視点では、欧米においては、1873年にロールミルを備えた最初の工場がスイスのチューリッヒに建設されており、また、比重分級機のピュリファイヤーも開発されて小麦粉の歩留りと品質は著しく向上した時期でもありました。明治29年（1896年）、日本製粉株式会社が東京・深川扇橋に設立されました。日清戦争後の好況期は製粉企業の勃興期となり、機械製粉企業が相次いで起こり、ここに日本における近代的機械製粉が成立した時期でした。日清製粉株式会社の前身の館林製粉株式会社も、明治33年（1990年）に創立しています。

近代製粉が成立しておおよそ130年経って、製粉工場の装置類は性能が格段に向上し、少人数で衛生的な操業を行っていますが、基本的な原理や機械構成は変わっていません。

製粉企業は業界再編が進み、現在では80数社になっています。そのうち、大手製粉4社で生産シェアの約8割を占めています。大手製粉企業は24時間操業する大型製粉工場の臨海部への集約を進めており、輸入した小麦を効率よく製粉することができるようになり、稼働率は高い水準にあります。一方、中小製粉企業は、加工数量が少なく、稼働率も高い水準にはありません。

製粉企業の勃興
小名木河畔の東扇橋町に建設された木造瓦葺4階建の扇橋工場（鈴木麻古等画）
出典:株式会社ニップン

第4章

小麦粉は
塩で伸びる・塩で締まる

30 小麦粉は塩でグルテン形成が良くなり、味や物性に影響する

小麦粉と塩の関係とは

食塩は、パンや麺類の小麦粉生地のグルテン形成を促進し、味に変化を与え、賞味期限を延ばします。そして、パンでは酵母の出す炭酸ガスの保持力を高めます。

グルテン形成の促進はとても大切で、小麦粉と水で捏ねるときに、食塩の添加で生地はまとまりやすくなり、伸びも良くなります。食塩は、「ダレやすい生地を引き締め、ベタつきを抑え、伸展性を良くする」と言われています。特に、手打ちのうどんを作る場合小麦粉と水と食塩しか使いませんから、食塩の効果はとても重要です。

捏ね水に食塩を使用しないと茹で麺は芯が硬くなり、茹で上がりまでに時間が掛かります。食塩を使用すると、茹で時間が短くなり、弾力のある麺になります。これらのことを指して、「食塩で生地（グルテン）が締まる」と呼んでいます。

昔から、季節によって、うどんに加える食塩水の濃度を調整する言葉に「土三寒六（どさんかんろく）」といって、夏場の土用の頃は食塩を3倍の水で割って使い、冬場の寒の頃は6倍の水で割って使用するようにと言われています。これは、夏場の暑い頃は生地が軟らかくダレ易くなるので食塩を多く使用して生地を締め、冬場の寒い頃は生地が硬く作業し難いので、食塩を減らして生地が締まり過ぎないように調整するためです。

食塩はグルテンタンパク質の電荷・イオン強度と関連して、構造を変化させ、タンパク質間の距離を縮めたり、水素結合や疎水作用を形成し、抗張力を生んだり、グルテンネットワークの強さを左右しています。でんぷんとも関係しているようなのですが、意外なことに作用機構はあまりわかっていません。

近い将来食塩を使わずに同じような効果を得ることができ、食塩を抑えた小麦粉製品が広がるものと思われます。

要点BOX
- ●食塩は、パンや麺類の小麦粉生地の物性や味に変化を与える
- ●食塩はグルテンタンパク質の構造を変える

小麦粉の生地:温度と食塩の関係

※麺用粉に34%加水:低温は氷水(0.4℃)、高温は温水(30℃)、を使用

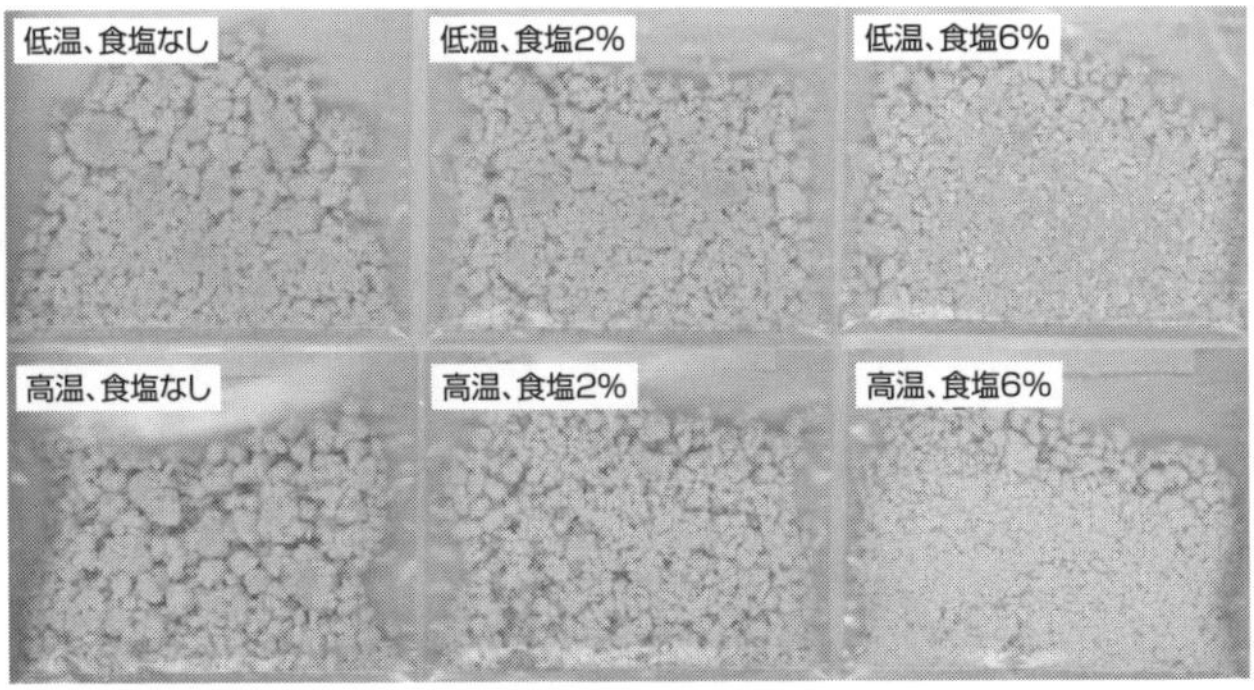

ミキシング後の生地玉は、食塩の濃度が高くなると細かくなる
また、温度が低い方(上段)が細かい

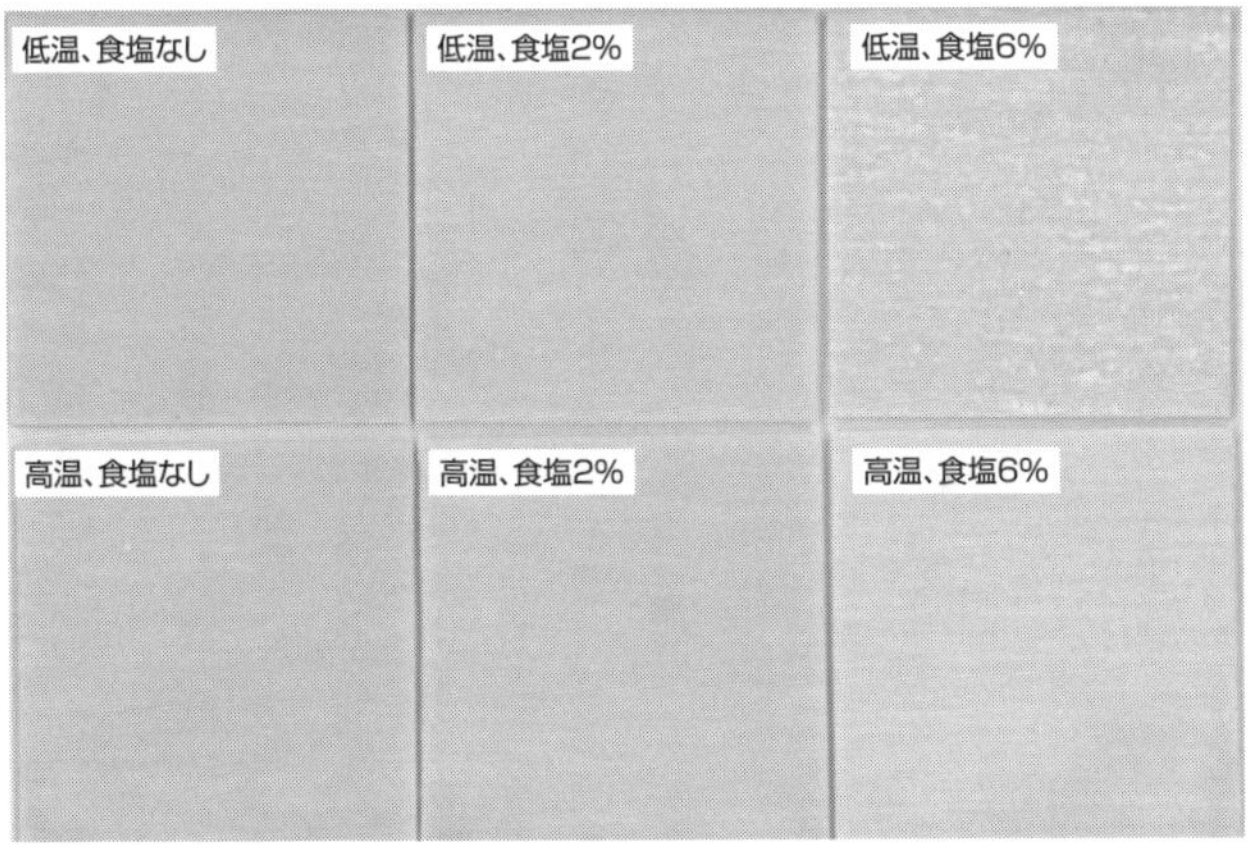

生地玉を圧延して麺帯を作ると、低温で食塩6%の麺帯(右上)は、
つながりが悪く、白く表面が荒れているのが分かる

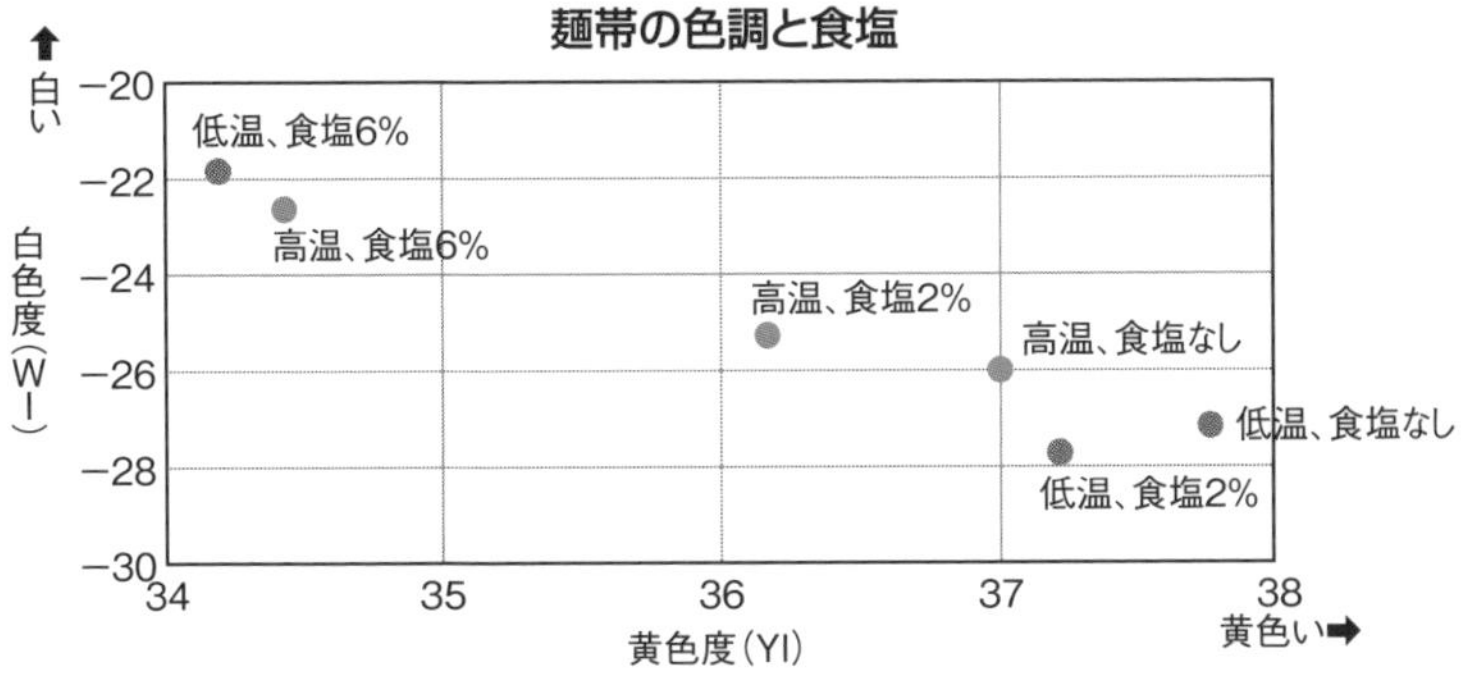

31 小麦粉のグルテンはpHで性質が変わる

かん水の役割

食塩で生地が引き締まったように感じ、かん水を入れると硬く伸びが悪くなるのはなぜでしょう。

かん水でpHがアルカリになるので、グルテンタンパク質の立体構造が変化して生地は硬く伸びにくくなります。かん水として、炭酸ナトリウムと炭酸カリウムの混合物がよく使われます。グルテンタンパク質に多く含まれるグルタミンやアスパラギンは側鎖にアミド結合を持っていますが、かん水のアルカリによって結合が切られてグルタミン酸とアンモニア、アスパラギン酸とアンモニアになります。中華麺を作るときにかすかなアンモニアの匂いがするのはそのためです。そしてアミノ酸の溶解性も変化するので、それに伴ってタンパク質の立体構造も変化するという訳です。中華麺の生地が、うどんに比べて柔軟性がなく、硬く弾力も強い理由はここにあります。

小麦粉が酸性条件で使われる場合もグルテンに影響しています。3玉パックなどの冷蔵品として売られている茹でうどんは、日持ちを長くするために茹でた麺が酸性（pH4・5未満）になるまで酢酸などに付けて、微生物の増殖を抑えています。pHだけではなく、有機酸の効果で菌の増殖が抑えられています。LLうどんをたべると少し酸っぱい味がします。パンでも、同じようにpHと有機酸を使って保存性を高めているものに、乳酸菌を使ったサワー種があります。乳酸菌が乳酸や酢酸などの酸を出すことでパン生地のpHを低下させて、雑菌の増殖を抑え長期保存が可能となっています。長い伝統の中で培われてきた方法です。生地を酸性にすると、グリアジンが溶液に溶け出してきます。アルカリの時と同じように、タンパク質の立体構造も変化します。

酸を使うと、器具に付着した小麦粉の汚れが落ち易くなります。例えば、お酢を薄めて汚れとして付着している小麦粉をこすると、小麦粉のグリアジンが酸に溶け出して汚れが落ちやすくなります。

要点BOX

●グルテンタンパク質に多く含まれるグルタミンやアスパラギンは側鎖にアミド結合を持っていて、かん水により性質が変わる

グルテンはpHで性質が変わる

pHと生地の硬さ

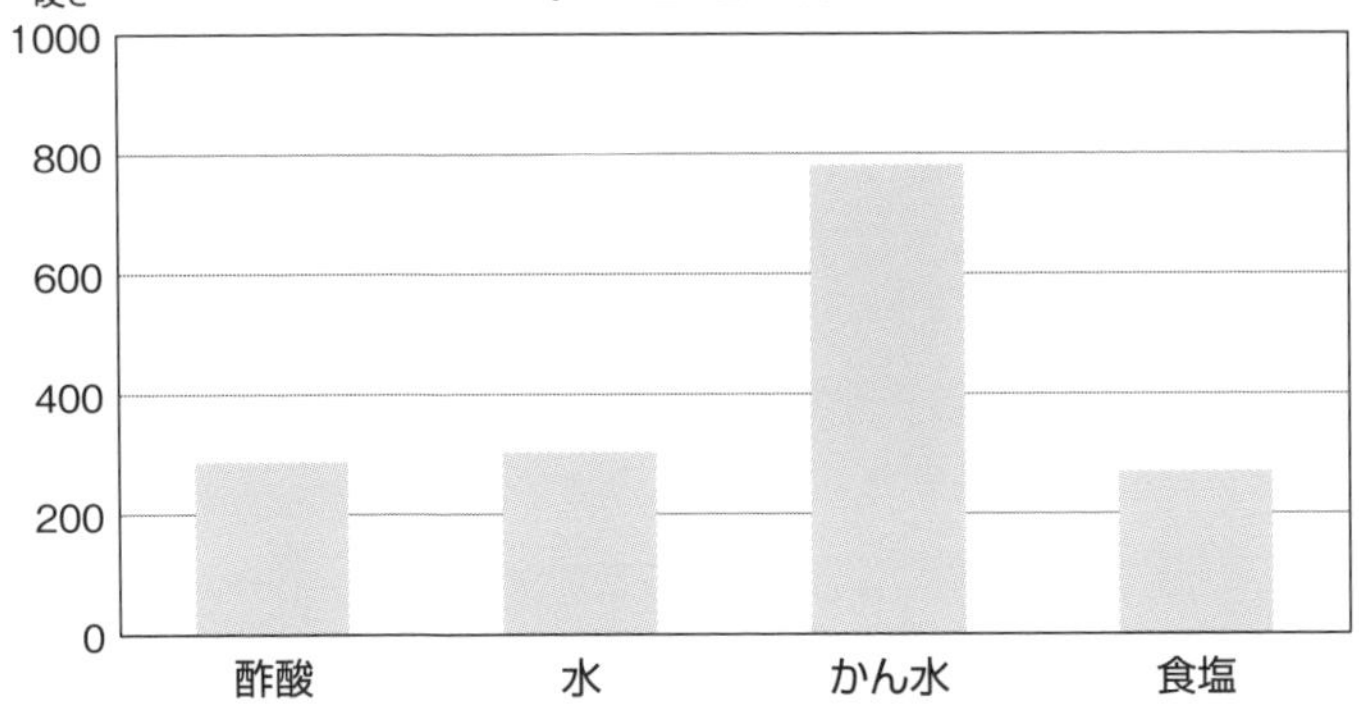

かん水(炭酸カリウム:炭酸ナトリウム=6:4)でアルカリになった
生地は硬くなる

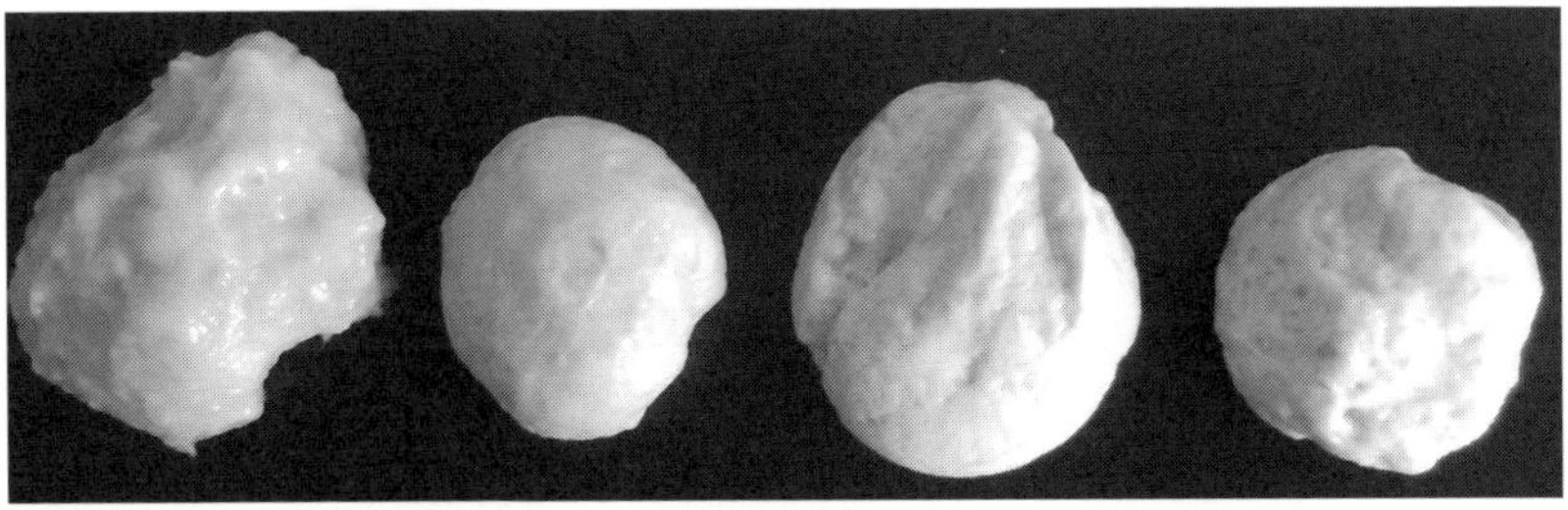

左端の酢酸を加えて酸性になったグルテンはベタ付きが大きく柔らか
右から2番めのかん水でアルカリになったグルテンは硬さがない
右端の食塩を加えたグルテンは硬さが強い

グルテンのpHと硬さ(グルテンインデックス)

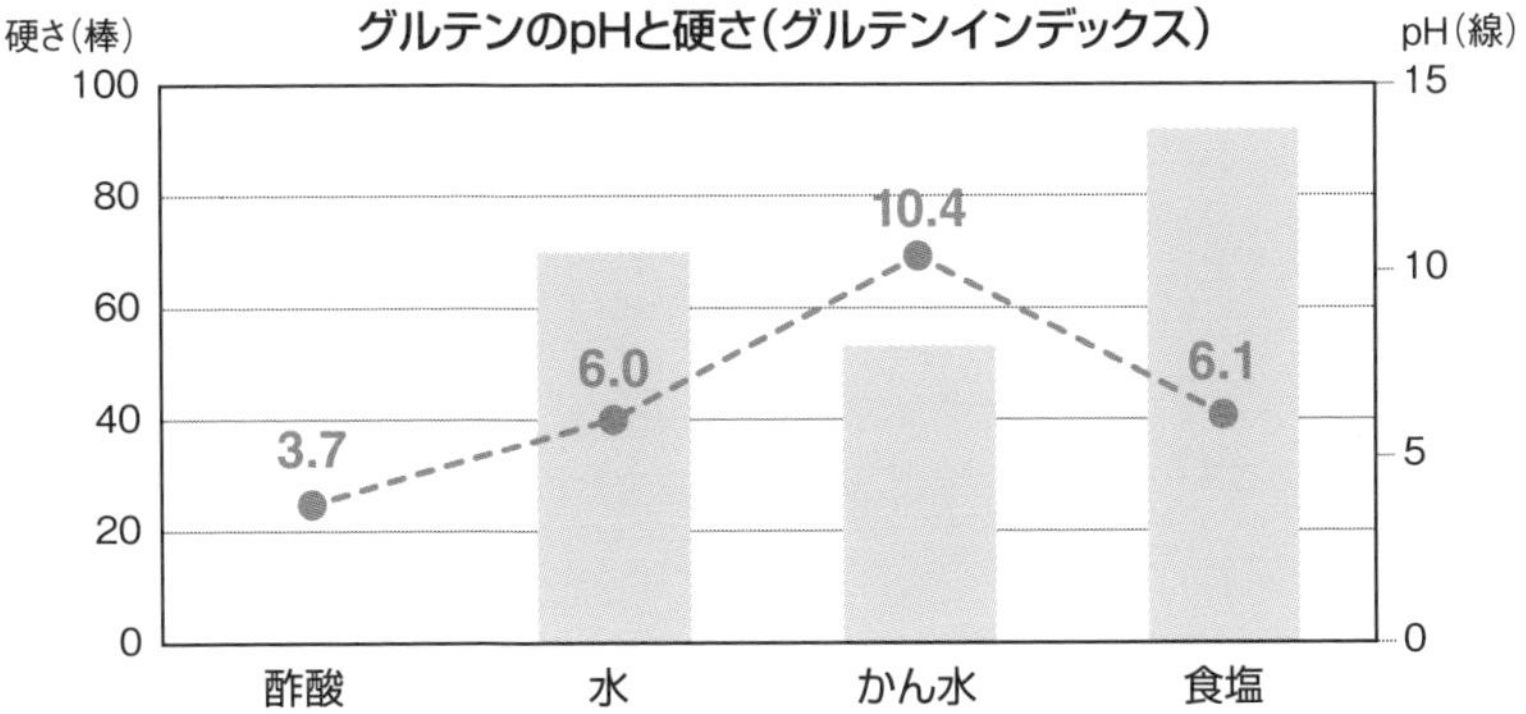

用語解説

LLうどん:3ヶ月以上の長期常温保存に耐える完全包装めん。

32 寝る粉は伸びる

生地の緩和現象と手延べうどん・そうめん

小麦粉と水を捏ねて生地を作ると、生地には力が加わり、変形に対し戻ろうとする力、応力が貯まります。混捏（ミキシング）した直後の生地や大きな変形を受けた生地は、硬く締まった感じになり、さらに無理に力を加えると生地は切れてしまいます。しかし、生地を暫く放置すると、引っ張っても、滑らかに伸びるようになります。これを「寝かし（熟成）」と呼んでいます。

寝た生地が柔らかくなり滑らかに伸びるようになる現象を「緩和」と呼びます。

パン作りでは、生地は緩和しながら、発酵によるガス発生でゆっくり変形してゆきます。分割して丸めた後はベンチタイムを取って生地を寝かせ、次の成形に備えます。ベンチタイムなしだと、生地肌が荒れてしまいます。

うどんや中華麺など麺類の生地は、パンよりも低水分で、シンプルな配合なので、寝かしはとても重要です。麺類の寝かしの目的は、混捏と圧延工程では違いがあり、通常加水の機械製麺では生地はソボロ状になるので変形ストレスはなく、水分を均一に分散浸透する水和のために寝かせます。

「多加水麺」や手打ちだと大きな塊の生地となるので、寝かしの主目的は、生地応力の緩和になります。

一方、圧延工程では、生地を帯状に強く変形させるので、グルテン組織構造は強く歪んでいて、内部応力が発生して硬直状態になっています。そのまま連続して力を加えると、グルテン構造は壊れ、麺の表面が荒れたり、麺が切れたりします。そこで、寝かせて、柔軟性を取り戻すことで、次の圧延工程に耐えられる扱いやすい生地になります。

手打ちや手延べの工程も機械製麺と同様に混捏の後足踏み、さらに手延べでは引延段階で十数回もの熟成工程が入る理由はここにあります。

要点BOX

- ●麺類の寝かしの目的は、混捏と圧延工程では違いがある
- ●寝た生地は柔らかくなり滑らかに伸びるようになる

グルテンの緩和現象

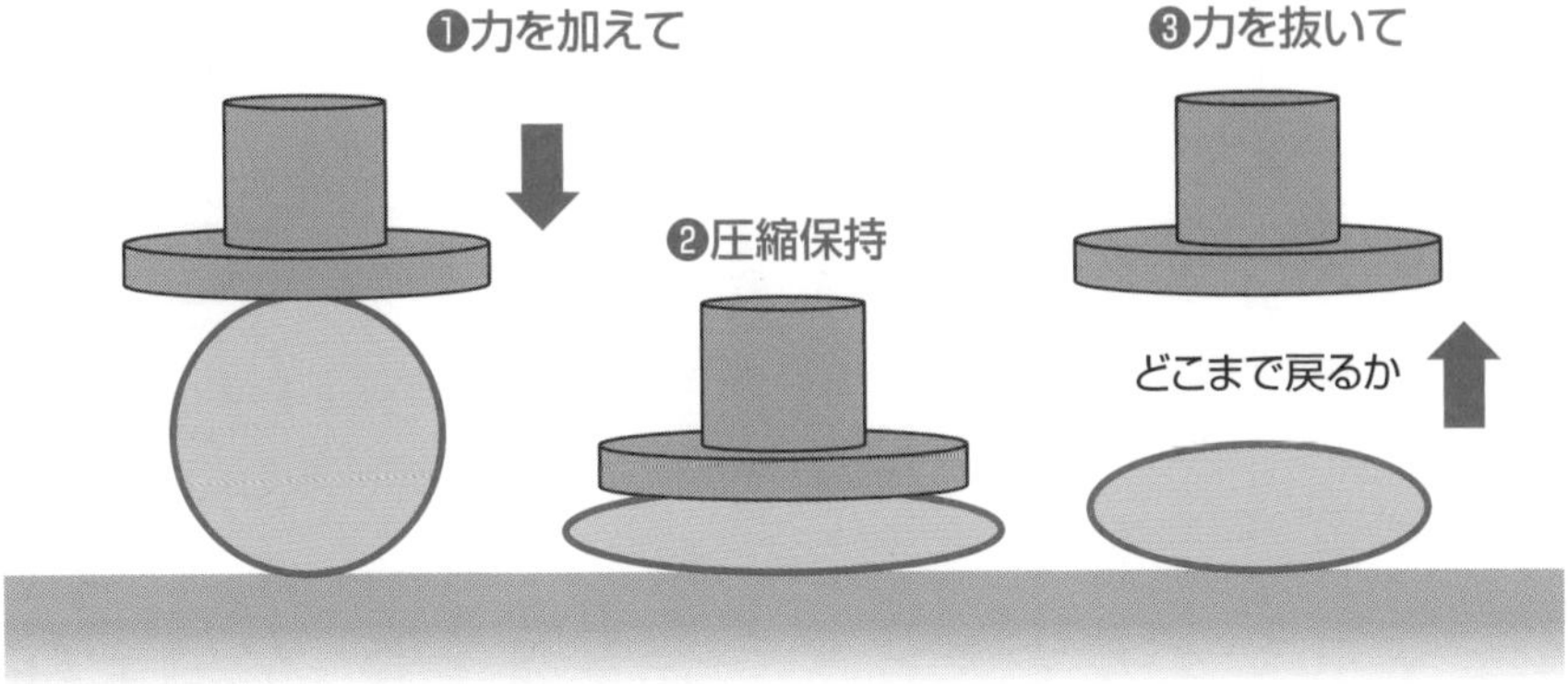

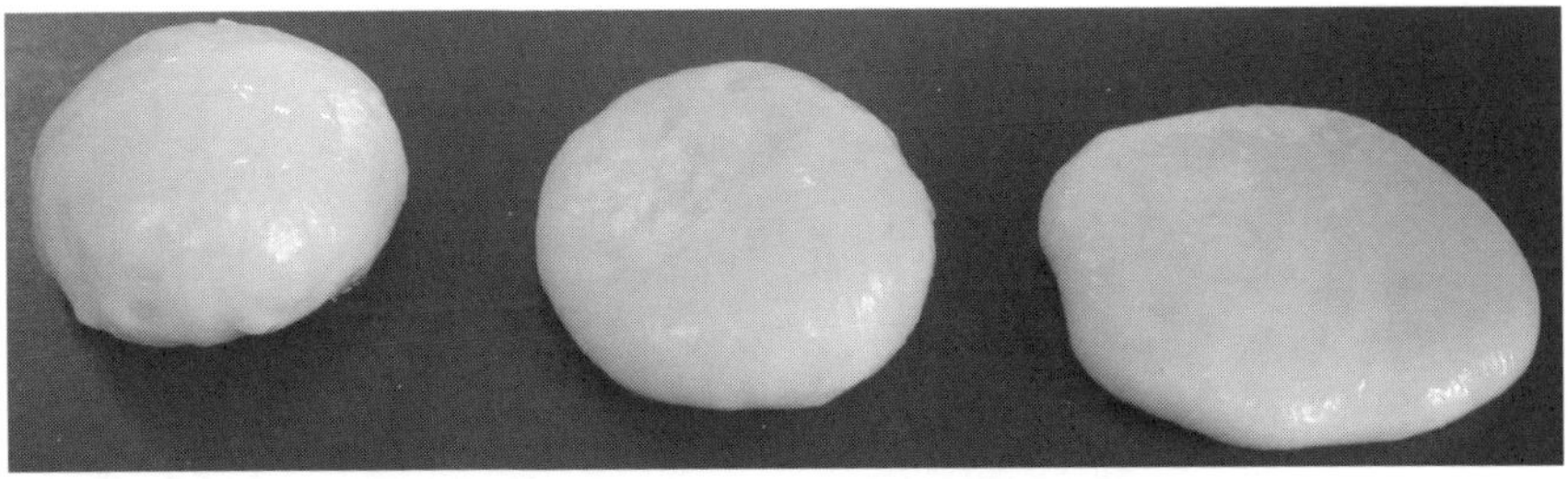

圧縮なし（左）より、圧縮1分（中央）は戻りが減り、圧縮5分（右）は戻りが少ない
圧縮時間が長いほど、変形応力が緩和されて、圧縮時の変形が保持される

※そうめんを作る時に、伸ばした後に寝かし（熟成）を入れることで、グルテンを緩和しながら、段階的に細くすることができる

用語解説

混捏（ミキシング）：混ぜること。
ベンチタイム：分割・まるめを行った後の寝かし時間のこと。

33 生地の弾性と粘性が、その性質を決める

物性モデル

生地の性質は、レオロジーという研究領域が扱い、弾性と粘性というカテゴリで説明されます。

弾性とは力を加えて戻るバネのような性質のことで、応力と変形が比例関係にある時は、歪みに弾性率を掛けた関係になります。粘性とは変形に対する抵抗の大小でもあり、物質内部の摩擦とも言えます。応力を粘性率で割ると変形の速度になります。これらを整理すると、緩和時間は粘性率を弾性率で割ったものとして表現できます。

粘弾性の仕組みは、スプリング、ダッシュポット、スライダーの3つの基本要素模型で説明されます。

スプリングはバネで弾性を表します。ダッシュポットは粘性液中をピストンがゆっくり滑って動きます。

スライダーは元に戻れなくなる力を過ぎると運動が働きます。生地に力を加えると、先ずスプリングが大きく変形し、次に遅れてダッシュポットがスプリングの変形を減少させる方向に滑り、スプリングとスライダーに掛かっていた力の総量を弱めます。これが構造緩和のモデルになります。

スプリングとダッシュポットを並列に繋ぐとフォークト、直列に繋ぐとマックスウェル模型と呼ばれています。実際は、これらがさらに複数組合わされているモデルが使われます。

図に圧縮した後で変形を保持したグルテンの応力変化を示します。グルテンは圧縮変形に伴い応力が増加します。その後変形を保持すると、応力は急激に減少します。ちょうど、圧縮された応力を弱めるために、速い緩和と遅い緩和が連動してトータルの応力を連動させるような緩和曲線を描きます。

うどんやそうめんの寝かしにおいても、タンパク質の分子内・分子間の結合がゆっくりと滑って力を弱くする方向に働くことで、新たに力を加えても変形できるようになります。

要点BOX

●弾性とは力を加えて戻るバネのような性質のことで、粘性とは変形に対する抵抗の大小

●グルテンは圧縮変形に伴い応力が増加

グルテンの応力緩和曲線

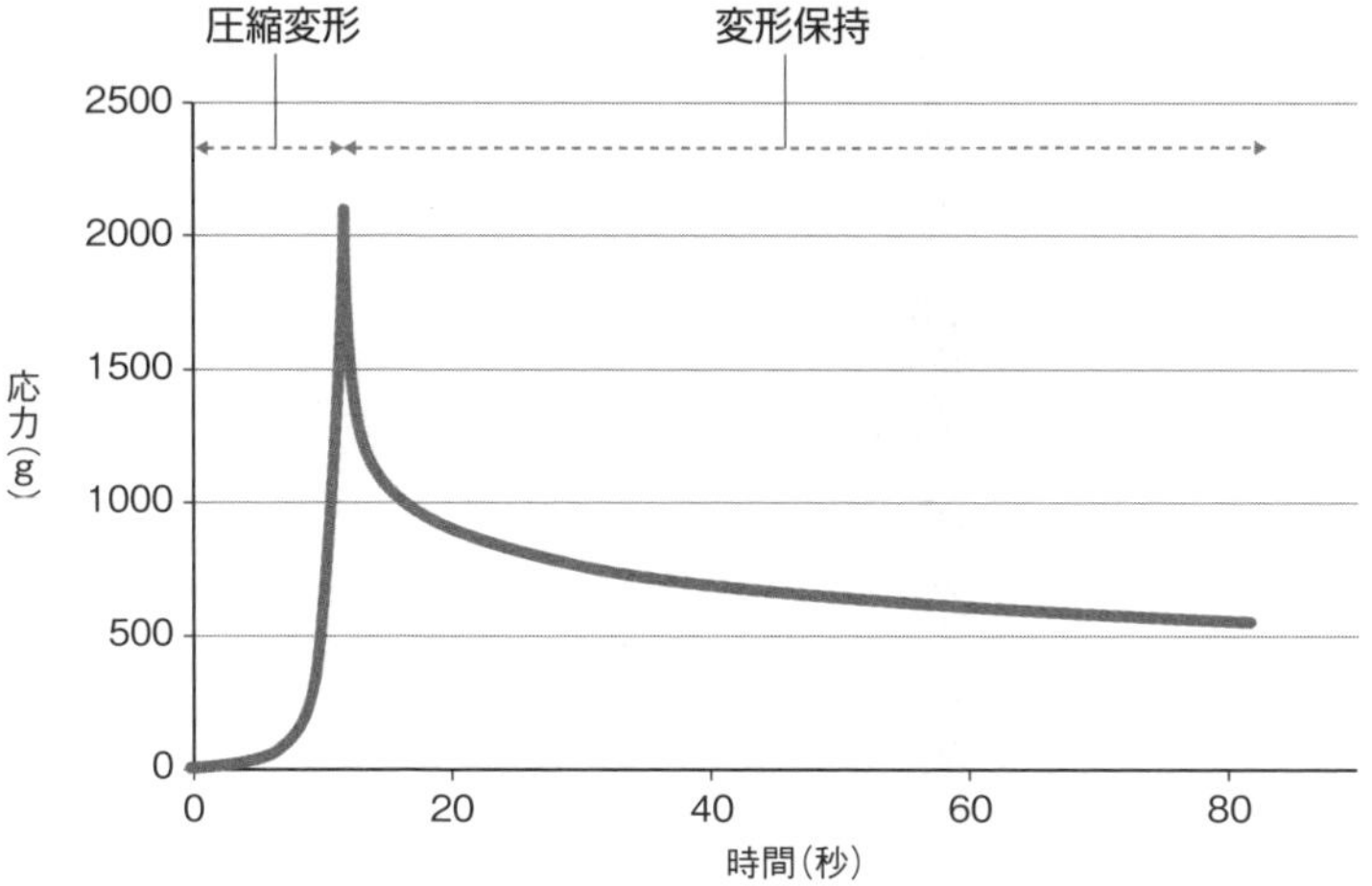

生地物性モデルと緩和曲線

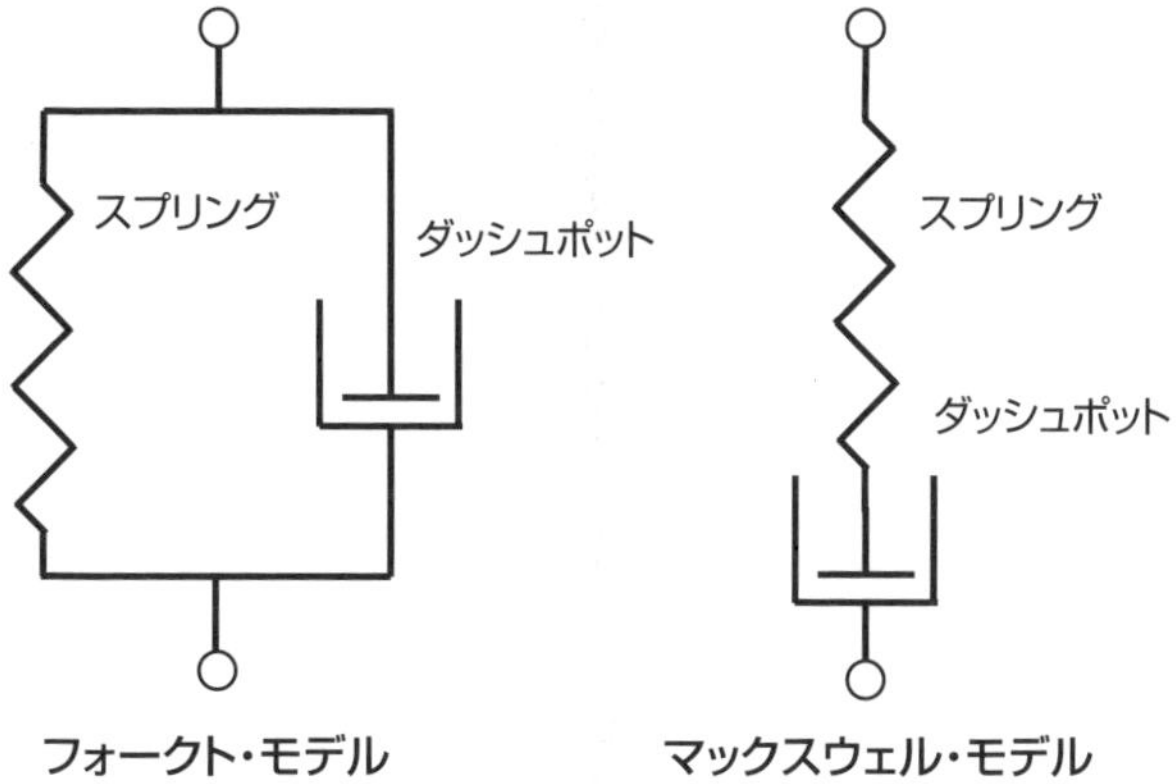

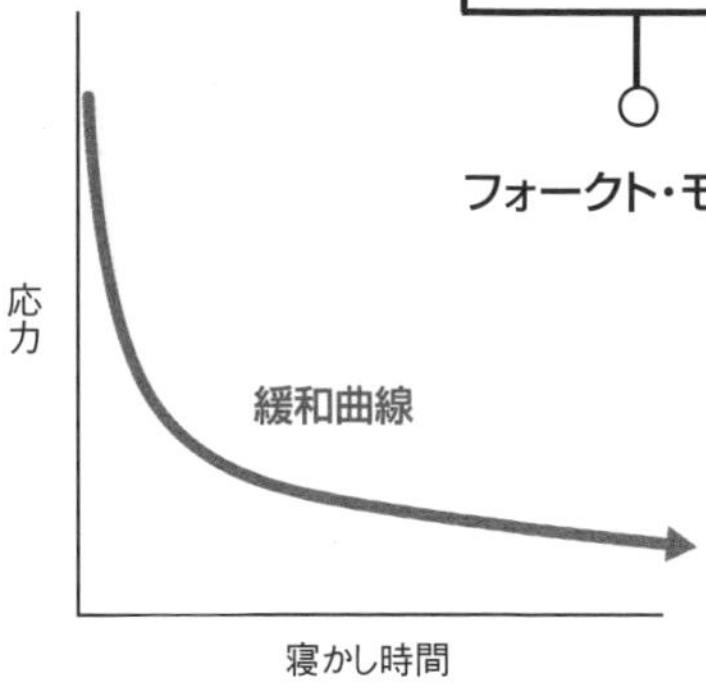

34 そうめんに厄がつく

油脂酸化で物性の変化を利用

そうめんは、梅雨を越すと腰が強くなり食感が良くなると言われています。

そうめんは、新しいそうめんよりも熟成されたそうめんの方が好ましいとされ、「厄（やく）」と呼ばれています。そうめんの化粧箱に「二年物」や「古品（ひね）」など、厄ものであることを示す表示がされています。

そうめんは細く延ばす時に、麺の付着や乾燥を防ぐために植物油を付けながら延ばすので、表面は脂質を塗したような状態です。通常は、脂質があって水分の低い食品は、保存中に空気による酸化を受けて、過酸化物質が生じます。これが、味や物性に影響すると考えられます。

脂質が酸化されるとグルテンタンパク質との結合性が変化し、グルテンタンパク質の物性も変化を受けているのだろうと推測できます。

厄の酸化は、自然酸化に加え、酵素的な酸化が原因だと言われており、戦前の厄現象の研究に遡れ、メカニズムははっきりしませんが、厄現象を再現できたことを報じる記事が残っています。

保存中に働く酵素は加水分解酵素であり、二重結合の酸化した時に増える過酸化物価（POV）よりも、加水分解が起きたことの指標の酸価が大きく増えます。

手延そうめんの厄現象は、冬に製麺された乾麺を高温・多湿の梅雨が過ぎるまで保存しておくと、貯蔵中に脂質の加水分解が起こり、トリグリセリドが減少し、遊離した脂肪酸が数倍に増加し、でんぷんの糊化やグルテンの性質に影響を与え、そうめんのコシや舌ざわりがさらに良くなることです。厄の後の脂質を抽出して、それを添加してそうめんを作ると物性が変化することがわかっています。

一方で、他の酵素例えばアミラーゼは、厄の前後で活性に差がなく、ほとんど影響していません。

要点BOX

- ●新しいそうめんよりも熟成されたそうめんの方が好ましいとされる
- ●保存中に働く酵素は加水分解酵素

大和三輪そうめんづくりの様子

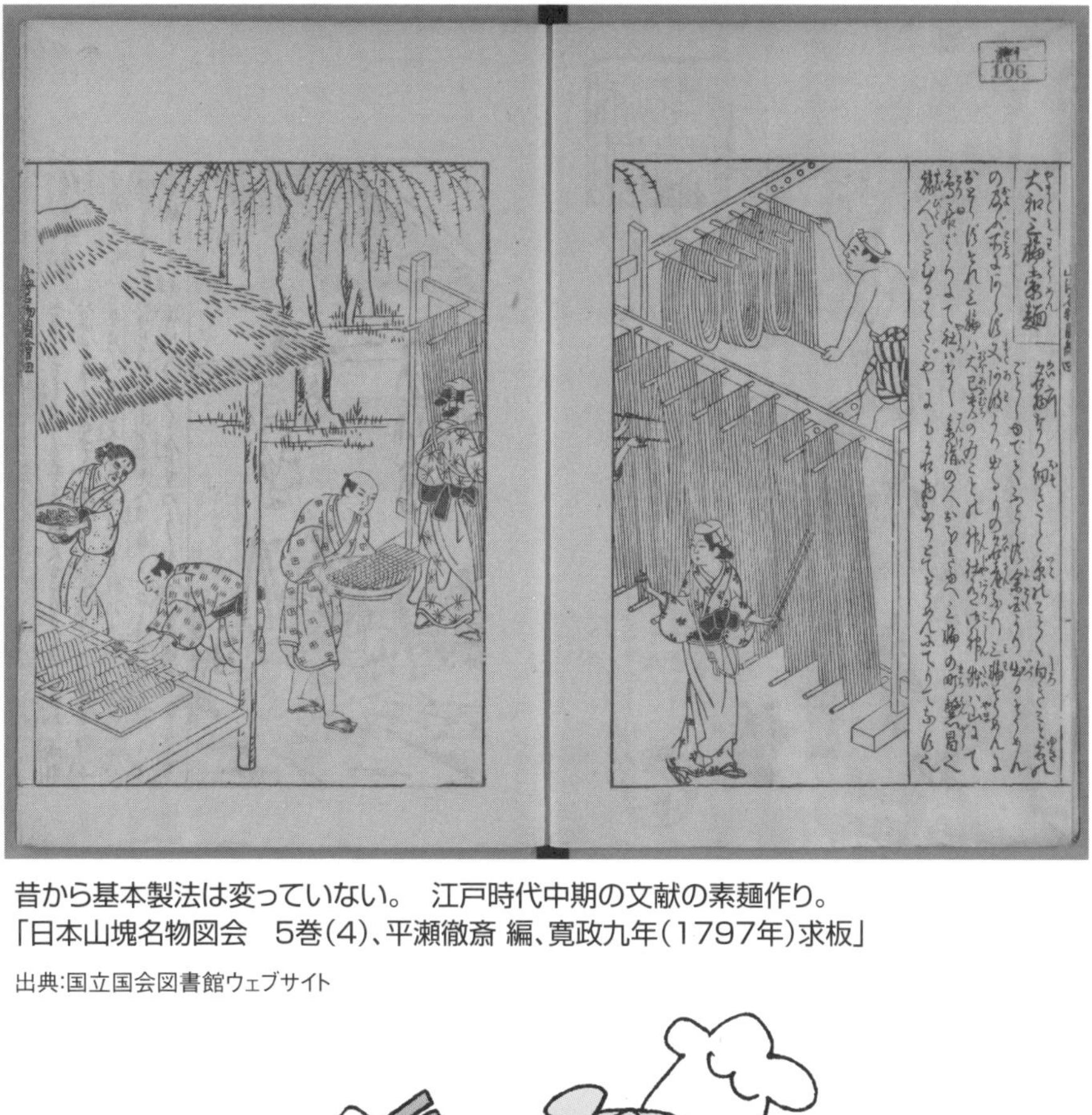

昔から基本製法は変っていない。　江戸時代中期の文献の素麺作り。
「日本山塊名物図会　5巻(4)、平瀬徹斎 編、寛政九年(1797年)求板」

出典:国立国会図書館ウェブサイト

35 餃子の皮に星が出る

ポリフェノール酸化酵素の褐変反応

「餃子の皮」に黒い斑点が見られることがあります。カビではないかと疑われることがありますが、実は小麦粉を作る際に、外皮の「ふすま」や「色素繊維」が少し残ったものです。

ふすまは元々胚乳に比べて色が濃く斑点のように見え、酵素や変色の元となる物質（基質）を多く含んでいます。その酵素が働くことで、ふすまの色が濃くなり、また周囲の部分まで色が濃くなります。酵素反応ですから、時間の経過とともに、酵素の基質が分解されるので、生地の製造から時間が経つほど、濃くなりますし、広がって見えます。

この反応は、カットしたリンゴが褐変するのと同じで、チロシナーゼやポリフェノールオキシダーゼと言う酵素が効いてきます。

小麦の胚乳には酵素も基質も少なく、外皮のふすまには多く存在します。チロシナーゼとポリフェノールオキシダーゼはほぼ似た酵素ですが、チロシナーゼの方が多機能だと言えます。

チロシナーゼ（EC 1.14.18.1）はベンゼン環にOHがひとつ付いた、モノフェノールであるチロシンに酸素分子を導入しOHが2つ付いたジヒドロキシフェニルアラニン（ドーパ）に酸化します。次に、チロシナーゼとポリフェノールオキシダーゼ（EC 1.10.3.1）はドーパをドーパキノンに酸化します。これで褐色に変色する褐変が起きるのです。

ふすま由来なので、ふすまの混入が多い等級が悪い小麦粉程発生しやすくなるので、胚乳の中心部分だけの等級の良い小麦粉を使うことが、スペックを抑える早道です。

小麦品種を育種する段階でも、酵素活性の低い小麦の開発研究も行われています。小麦の粒を、ドーパ溶液に浸すと、酵素活性が高い小麦は赤黒く変色し、酵素活性が低い小麦は変色しません。これを指標に酵素活性の低い小麦を選別することができます。

要点BOX

●餃子の皮に黒い斑点あるのは、小麦粉を作る際に、外皮の「ふすま」や「色素繊維」が少し残ったもの

酵素と褐変のメカニズム

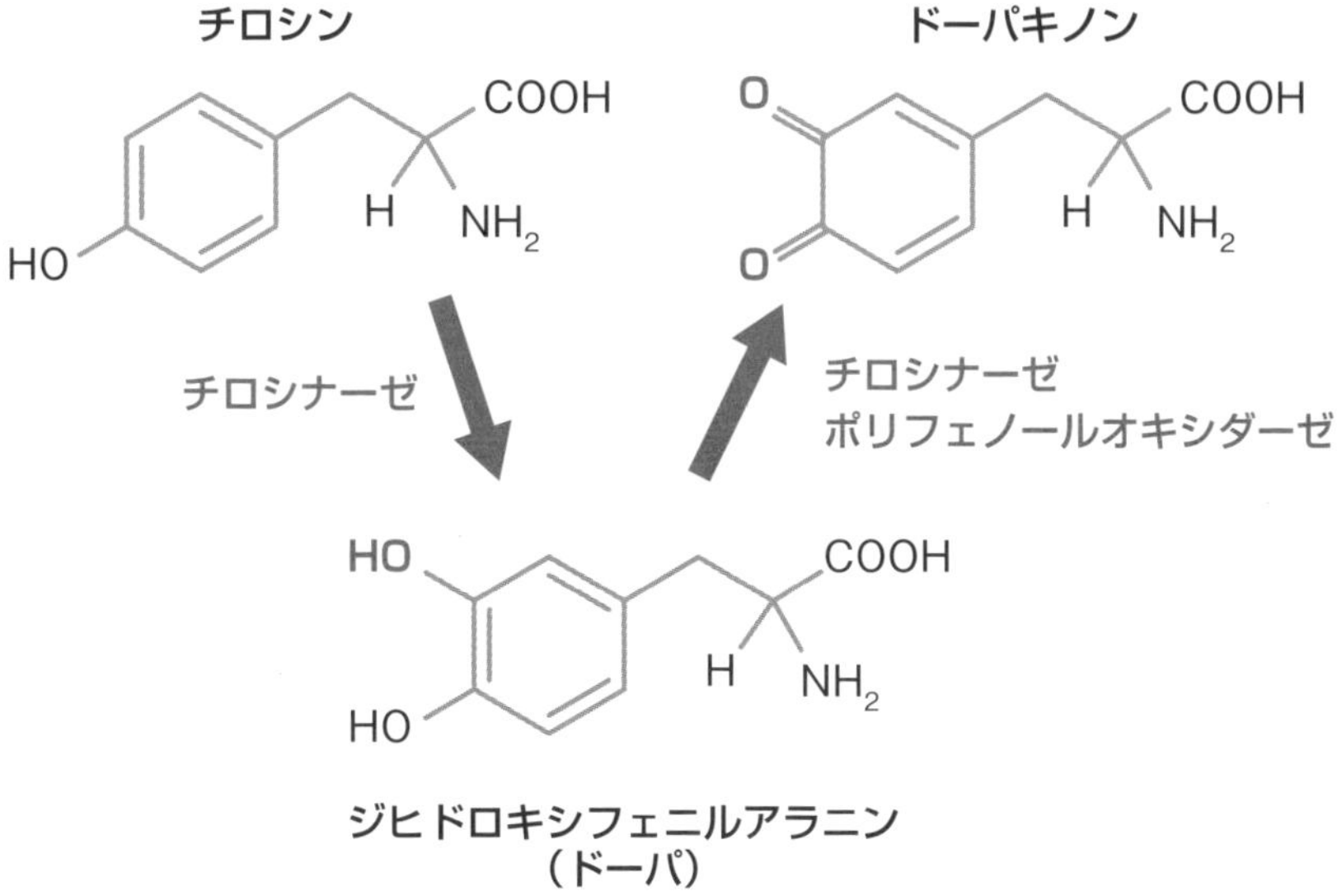

主要な小麦のPPO活性

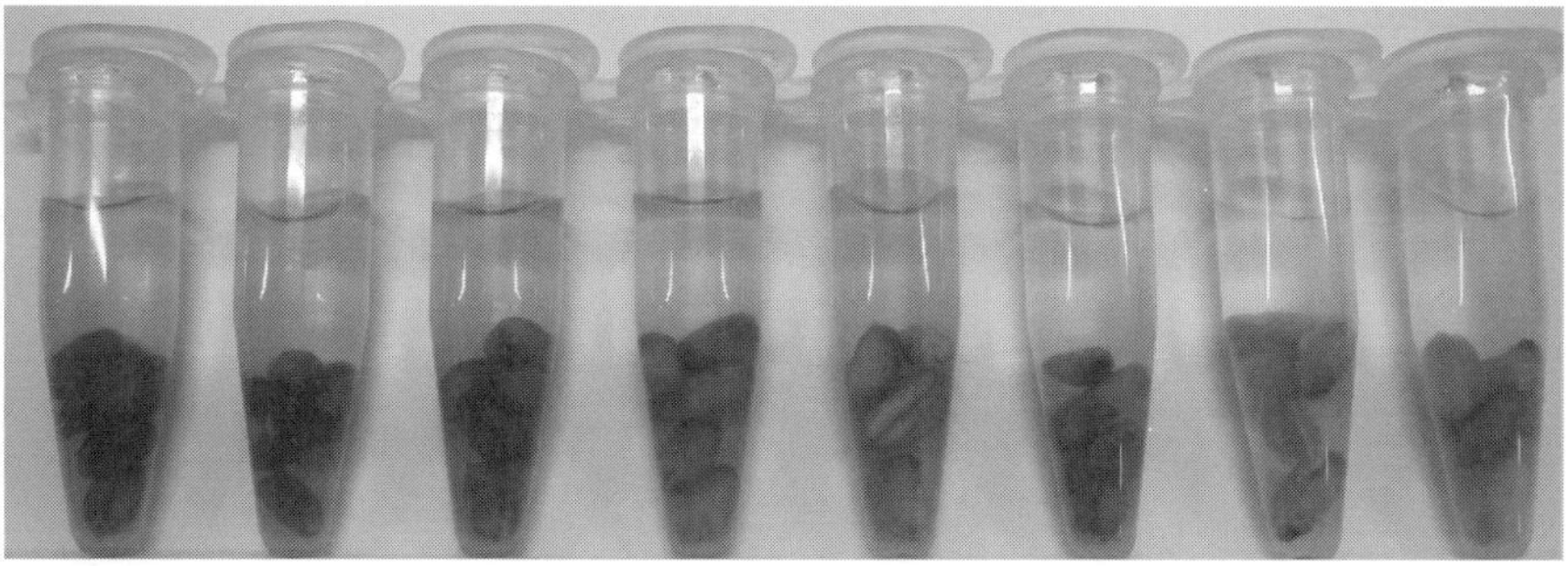

左から、1CW、DNS、SH、ASW、WW、きたほなみ、セトデュール、カナダデュラム
PPO活性は、きたほなみは低めで、セトデュール、カナダデュラムはさらに低い

用語解説

スペック(speck)：小麦粉中のふすまの破片。小麦粉を水と混ぜると、酸化酵素の働きで生地表面に斑点となって見られる。星とも呼ばれる。

36 さぬきうどんと博多うどん

今も昔も、太陽の恵みを受けて育った小麦は、人間を飢えから救い、豊かな食生活を支えてきました。私たち日本人になくてはならない、うどんもその一つです。うどんの発祥地とされる讃岐と博多。讃岐平野の綾川町には滝宮天満宮（たきのみやてんまんぐう）があり、その境内には、平安時代（806年）に唐から帰国した弘法大師空海が、うどんの技法を甥の智泉（ちせん）に教え、智泉は病身な父母に食べてもらったという瀧燈院跡の看板が建っています。お寺は廃寺になってありませんが、天満宮で白と金のうどんの図柄のお守りを分けて頂くことができます。

博多の承天寺（じょうてんじ）は、鎌倉時代（1242年）に弁円が宋から製粉技術を持ち帰り、うどんの作り方を伝えたとされています。うどんを含め小麦料理は遣唐使により中国から伝播しましたが、限られた人たちの間で食べられ、中世以降小麦の栽培が広まるに連れて広がったということでしょう。

一概には言えませんが、さぬきうどんは単に硬いのではなく腰がしっかりして弾力があり、博多うどんは表面が柔らかで弾力が弱いうどん、と言うことができます。一部のさぬきうどん店では、香川県農業試験場がさぬきうどん専用の小麦として育成した「さぬきの夢2009」という品種を使っています。オーストラリアの「ASW」や北海道の「きたほなみ」などを使うお店も多くあります。どの品種を選んで美味しいうどんを作るのか、それはそれぞれのお店のポリシーです。

博多うどんでは「ASW」や「きたほなみ」などが主に使われています。似た小麦品種を使っても、うどんを作るときの、小麦の品種、銘柄、水と食塩の量、ミキシングの方法と時間、寝かし時間、厚みと幅、茹で時間、洗いのありなし、などで千差万別の個性のあるうどんが作られており、長い歴史があるうどん、お汁や具を楽しむだけではなく、麺そのものを楽しむことで奥が深まります。

要点BOX
- うどんの発祥地とされる讃岐と博多
- 小麦粉のどの品種を選んで美味しいうどんを作るのか、それはそれぞれのお店のポリシー

小麦粉を使ったうどんの発祥

「さぬきうどん」の基準

香川県内で製造されたもの
手打、手打式(風)のもの
加水量：小麦粉重量に対し40%以上
食塩：小麦粉重量に対し 3%以上
熟成時間：2時間以上
ゆでる場合：ゆで時間約15分間で十分α化されていること

出典:生めん類の表示に関する公正競争規約、施行規則の別表を加工して作成

福岡市の承天寺にあるうどん伝来を伝える石碑

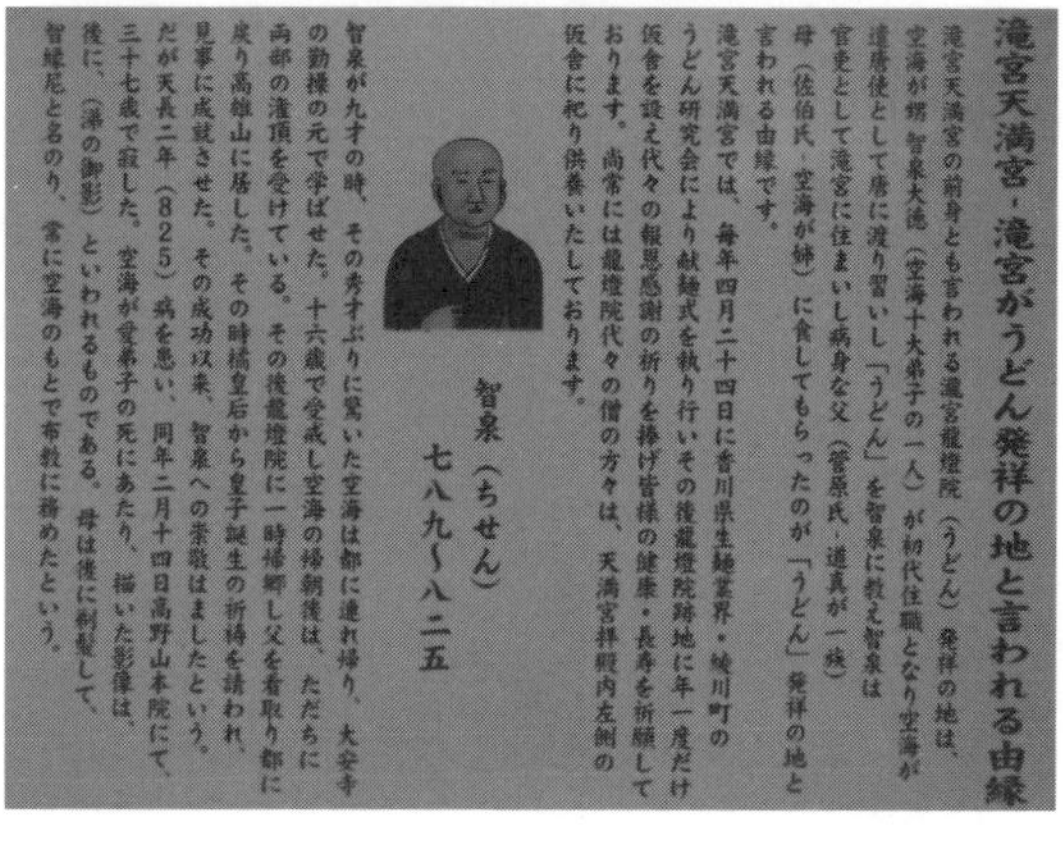

滝宮天満宮・滝宮がうどん発祥の地と言われる由縁
滝宮天満宮の前身とも言われる滝宮龍燈院（うどん）発祥の地は、空海が甥 智泉大徳（空海十大弟子の一人）が初代住職となり空海が遣唐使として唐に渡り習いし「うどん」を智泉に教え智泉は官吏として滝宮に住まいし病身な父（菅原氏・道真が一族）母（佐伯氏・空海が姉）に食してもらったのが「うどん」発祥の地と言われる由縁です。
滝宮天満宮では、毎年四月二十四日に香川県生麺業界・綾川町のうどん研究会により献麺式を執り行いその後龍燈院跡地に年一度だけ仮舎を設え代々の報恩感謝の祈りを捧げ皆様の健康・長寿を祈願しております。尚常には龍燈院代々の僧の方々は、天満宮拝殿内左側の仮舎に祀り供養いたしております。
智泉（ちせん）
七八九～八二五
智泉が九才の時、その秀才ぶりに驚いた空海は都に連れ帰り、大安寺の勤操の元で学ばせた。十六歳で受戒し空海の帰朝後は、ただちに両部の灌頂を受けている。その後龍燈院に一時帰郷し父を看取り都に戻り高雄山に居した。その時橘皇后から皇子誕生の祈祷を請われ、見事に成就させた。その成功以来、智泉への崇敬はましたという。だが天長二年（825）病を患い、同年二月十四日高野山本院にて、三十七歳で寂した。空海が愛弟子の死にあたり、描いた影像は、後に、（涕の御影）といわれるものである。母は後に剃髪して、智縁尼と名のり、常に空海のもとで布教に務めたという。

香川県綾川町の滝宮天満宮のうどん発祥の地を伝える看板

37 生中華麺とインスタントラーメン

ラーメンとかん水の関係

生中華麺は、かん水を加えて生地を作ります。中華料理屋さんやラーメン屋さんで食べる中華麺は、生中華麺です。かん水は、元々は中国の湖から得られた塩化ナトリウムや炭酸カリウムなどを含む水が、小麦粉の捏ね水として使用されたことに由来します。

かん水は食品衛生法で成分規格が定められており、「かんすいは炭酸カリウム、炭酸ナトリウム、炭酸水素ナトリウムおよびリン酸類のカリウムまたはナトリウム塩のうち1種以上を含む」と決まっています。通常は、炭酸ナトリウムと炭酸カリウムを単独または混合物として、小麦粉を100として、その0・2~1・5%程度を添加して使います。かん水は、フラボノイド色素を黄色に発色させるほか、グルテンタンパク質を変性させて特有の食感やアルカリ風味を生み出す役割があります。

生中華麺の小麦粉はタンパク質含量が10・0%以上、灰分0・38以下が望ましいとされています。タンパク質含量は中華麺のしっかりとした硬さと弾力のために必要で、タンパク質含量が低いと、スープの中で中華麺が伸びてしまい「茹で伸びが速い麺」になりがちです。灰分が高いと、変色の原因物質も多く含まれるため、かん水を使ったアルカリ条件では酵素的・非酵素的な反応が進みやすくなり、麺の色が赤味を帯びたりスペックが出たり、品質低下が生じます。そのため、中華麺用の小麦粉は、小麦粒の胚乳中心部から調製し、できる限りふすまの混入を抑えるようにして作ります。

昭和33年（1958年）に日本で生まれた即席麺は、インスタントラーメンとも呼ばれ、必ずしもかん水を使った麺である必要はなく簡便な調理で食べられるものを指します。また、即席麺に使用するかん水は、小麦粉に対して0・1~0・3%程度と少なく、アルカリによる変色の心配が余りないので、中華麺よりも灰分の高い小麦粉が使われることがあります。

要点BOX
- ●生中華麺は、かん水を加えて生地を作る
- ●かん水は、中国の湖から得られた塩化ナトリウムや炭酸カリウムなどを含む水がはじまり

小麦粉の等級(灰分)と変色の関係

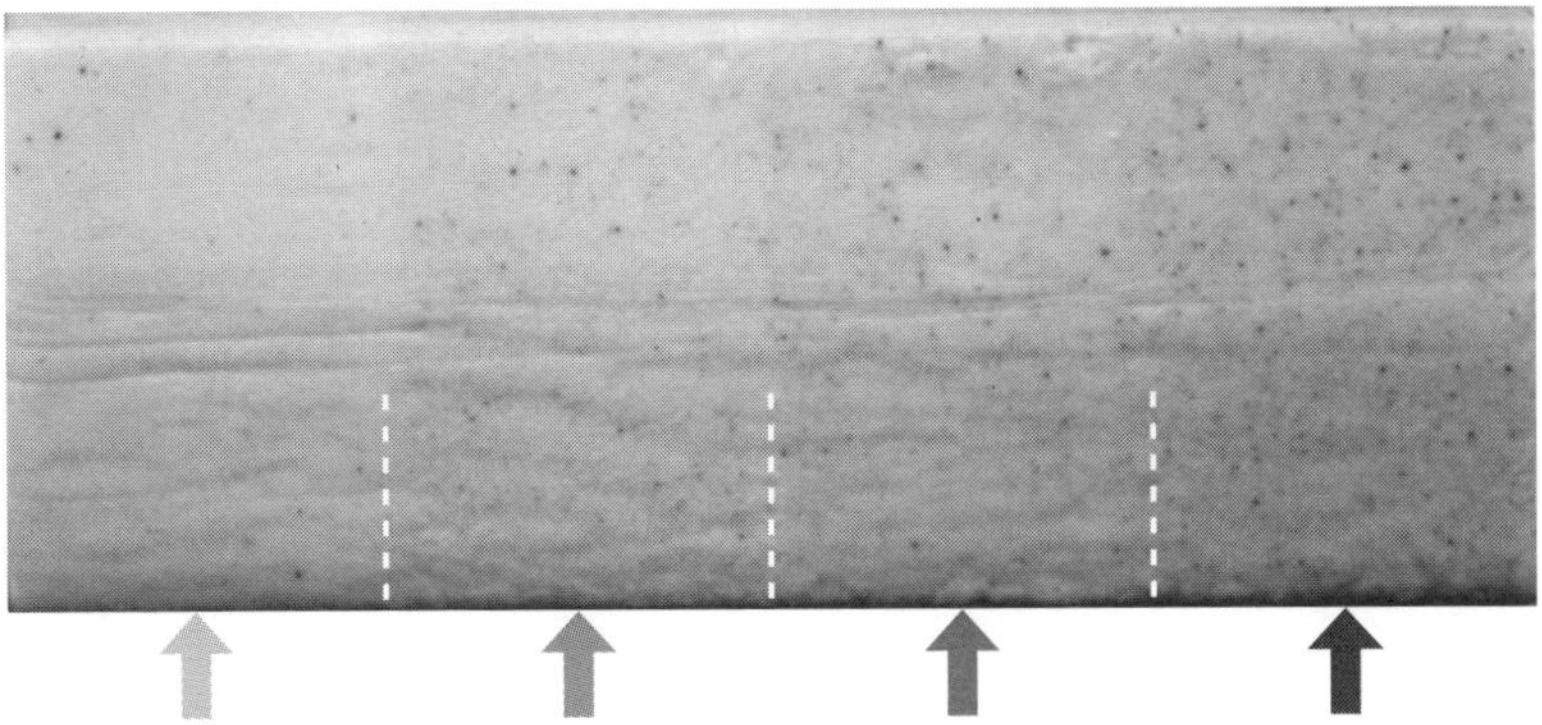

左から右に灰分が高くなるように4つの小麦粉を板に載せて、ポリフェノール溶液に浸したもの。灰分が高くなる右側の小麦粉は、変色が強くなり、外皮(ふすま)の混入も多くなっている

即席めんの定義(JAS)

次に掲げるものをいう。

1. 小麦粉又はそば粉を主原料とし、これに食塩又はかんすいその他めんの弾力性、粘性等を高めるもの等を加えて練り合わせた後、製めんしたもの(かんすいを用いて製めんしたもの以外のものにあっては、成分でん粉がアルファ化されているものに限る。)のうち、添付調味料を添付したもの又は調味料で味付けしたものであって、簡便な調理操作により食用に供するもの(凍結させたもの及びチルド温度帯で保存するものを除く。)
2. 1にかやくを添付したもの

出典:即席めんの日本農林規格、確認 令和元年8月19日
農林水産省告示第681号を加工して作成

38 即席めんはどうして乾麺よりも早く食べられる

美味しさと早さの秘密

即席麺は、グローバルな食べ物なので、1963年にFAO及びWHOにより設置された国際的な政府間機関・コーデックス委員会の規格でも定義されています。定義では、即席麺の主原料は小麦粉・米粉・他の粉・でんぷんとされていますので、国際的には米粉のビーフンや緑豆粉やでんぷんで作った春雨も即席麺の仲間ということです。

即席麺は、麺の処理方法で麺を油で揚げた「フライ麺」、油で揚げず乾燥させた「ノンフライ麺」、有機酸溶液に浸漬処理した後に加熱殺菌して保存性を向上させた「生タイプ麺」の3種類があります。

JAS規格では、麺の品質指標としてノンフライ麺については「水分14・5%以下」、フライ麺については「酸価1・5%以下」、生タイプ麺については「水素イオン濃度3・8%以上4・8%以下」が規定されています。生タイプ麺は、茹でた麺を乳酸溶液に浸してpHを低くして菌の増殖を抑えるのが一般的です。規定の意味を考えると食品がどう作られて管理されているのか伺い知ることができます。

即席麺は3分～5分程度で可食状態になりますが、乾麺は少し時間が長く、水分をたっぷり加えて生地を練りあげた多加水製法でも「ひやむぎ」4分、「ざるうどん」6分掛かります。即席麺はなぜ乾麺より早い時間で食べられるようになるのでしょうか？　即席麺は蒸すなどして生地を予めα化しておいて、数分のフライや30分程度の高温で乾燥させることで、麺には針孔のような気泡が抜けた跡が残ります。お湯で戻す時に、この穴がお湯の通り道となって短時間で食べられる状態になります。一方、乾麺の「ひやむぎ」「うどん」「ラーメン」は、数時間以上かけてゆっくり乾燥しますので、乾燥時に入ったひび割れと、α化していないでんぷん粒が見られます。そのため乾麺は、調理に時間は掛かりますが、しっかり腰のある麺の食感が楽しめます。

要点BOX

●即席麺には、麺を油で揚げた「フライ麺」、油で揚げず乾燥させた「ノンフライ麺」、加熱殺菌して保存性を向上させた「生タイプ麺」がある

即席めんと乾めんの表面構造の違い

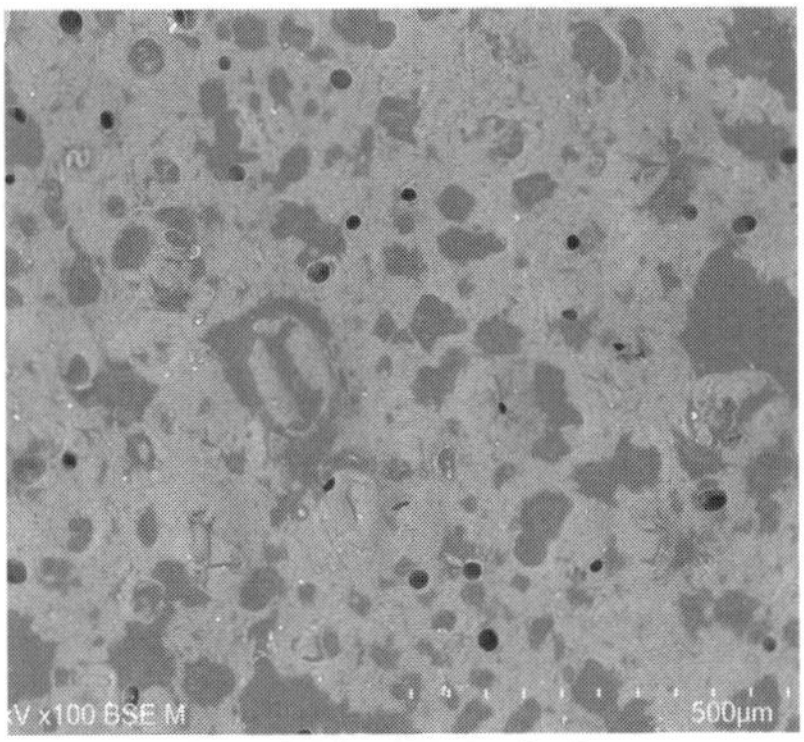

即席カップめん（油揚げ麺:うどん）

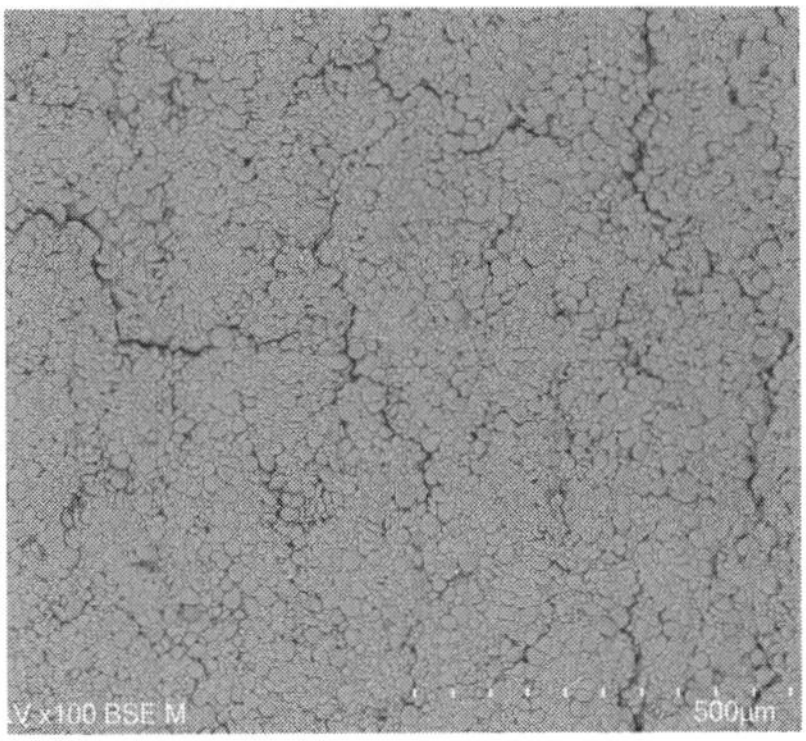

干しうどん（乾麺）

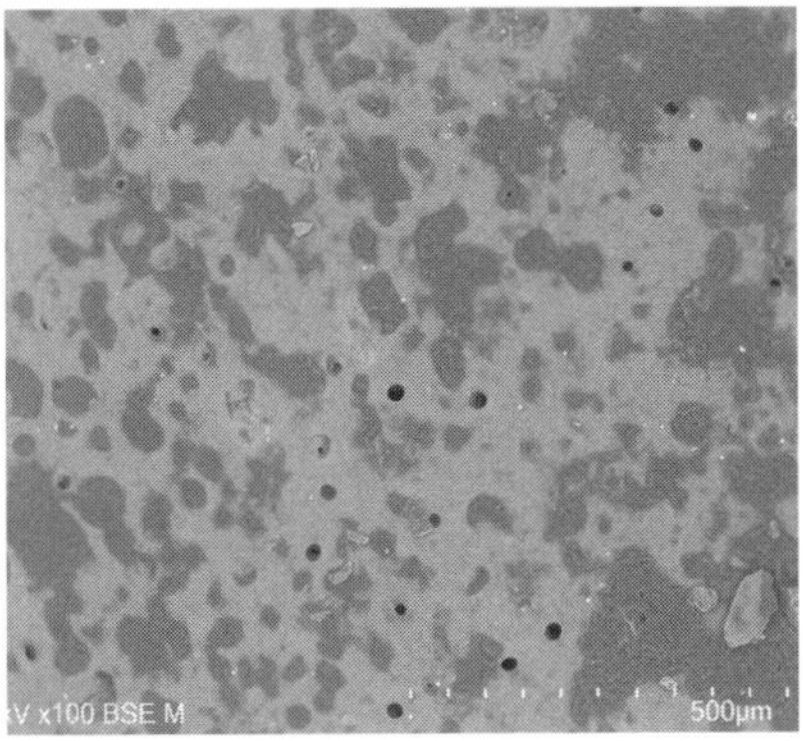

即席めん（油揚げ麺:ラーメン）

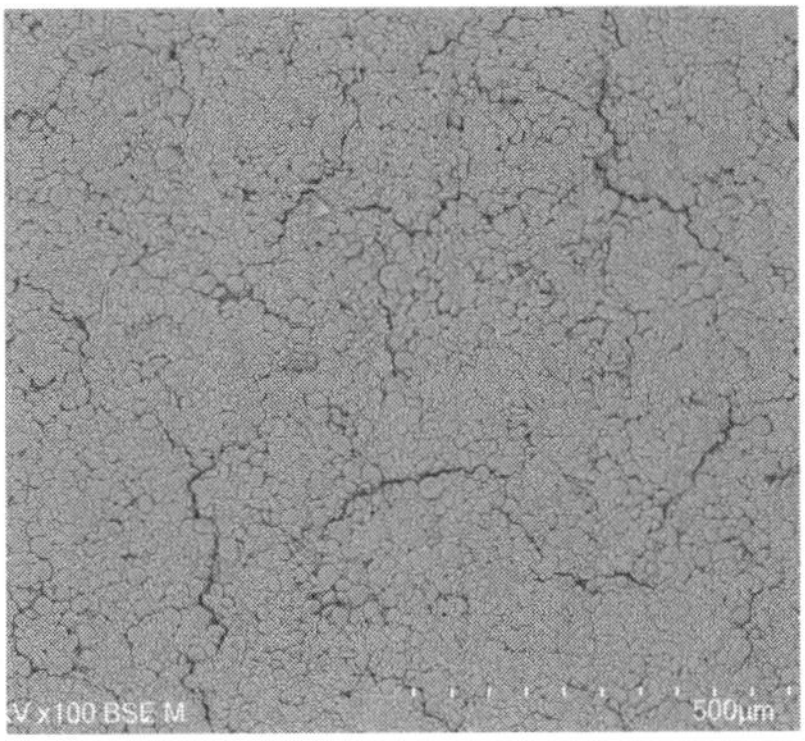

ひやむぎ（乾麺）

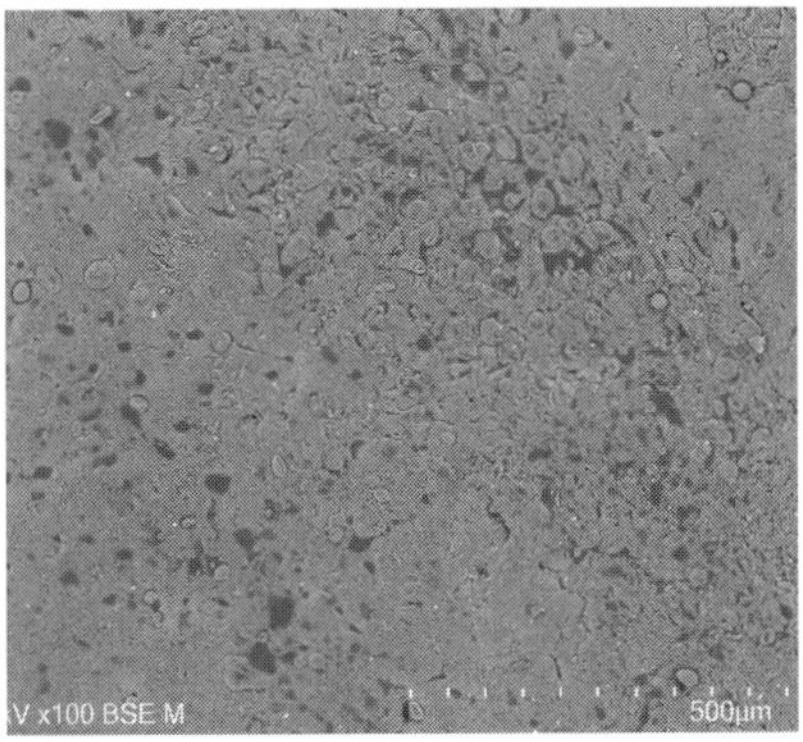

即席カップめん（めん:ノンフライラーメン）

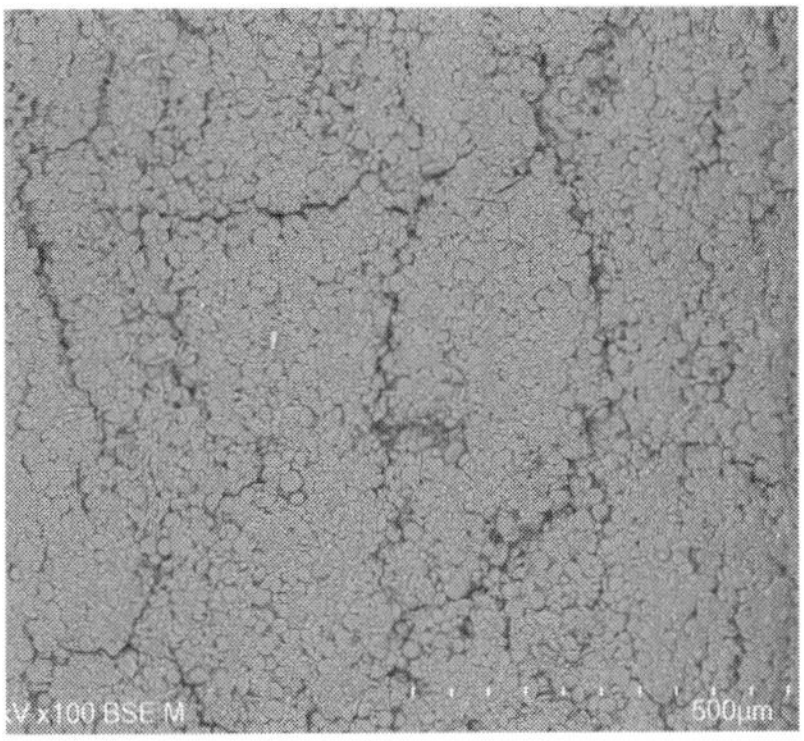

即席中華めん（めん:乾ラーメン）

39 そばをつなぐ小麦粉

そば粉にはグルテンがない

そば粉にはグルテンがありませんので、麺を作りやすくするために、割粉（わりこ）やつなぎ粉と呼ばれる小麦粉を混ぜて使用するのが一般的です。何割そばというのは、そば粉の割合のことで、例えば二八そばと呼ばれるものは、小麦粉が2割、そば粉が8割、十割そばは100％そば粉です。つなぎ粉には、グルテンの繋がりが良く、そばの食感に影響を与えないことが必要ですから、薄力粉よりも、中力粉や準強力粉や強力粉が使われます。そば粉の割合が高いほど、グルテンの繋がりが良い高タンパク質の小麦粉が必要となります。

「生めん類の表示に関する公正競争規約」で、『そば粉が最低でも30％以上入っていないと「そば」とは言えません。「信州そば」と「出雲そば」は、さらに厳しく、そば粉が50％以上入っていることが条件になっています。

灰分の低い胚乳部の割合が多いほど良いとされ、甘皮を挽きこんで緑がかった色調、新鮮な香り、ほんのりとした甘みなども加味して評価されています。「そばは三たて」と言って、挽きたて、打ちたて、茹でたて、が美味しいと言われています。

そば粉には、色の薄い白っぽいものと黒っぽいものがあります。白っぽい更科系のそば粉は硬くて黒い殻が入らないように製粉して作りますが、黒っぽい藪系のそば粉は殻まで粉になるように挽いて作ります。そばには、ポリフェノールの一つであるルチンが含まれおり、昔から健康に良いとされています。そばの粒は、小麦と違い胚乳中心部に胚芽が入り込んだ構造をしています。

ルチンは、胚乳を囲む甘皮と呼ばれる部分と胚芽に多く局在しています。石臼で挽いた全粒そば粉には、粒度が細かいものから粗いものまで、甘皮から胚乳まですべてが入りますから、風味、ルチン、麺のつながり、の点でも魅力的です。

要点BOX

●そば粉にはグルテンがないので、麺を作りやすくするため、割粉（わりこ）やつなぎ粉と呼ばれる小麦粉を混ぜて使用するのが一般的

そば種子の断面

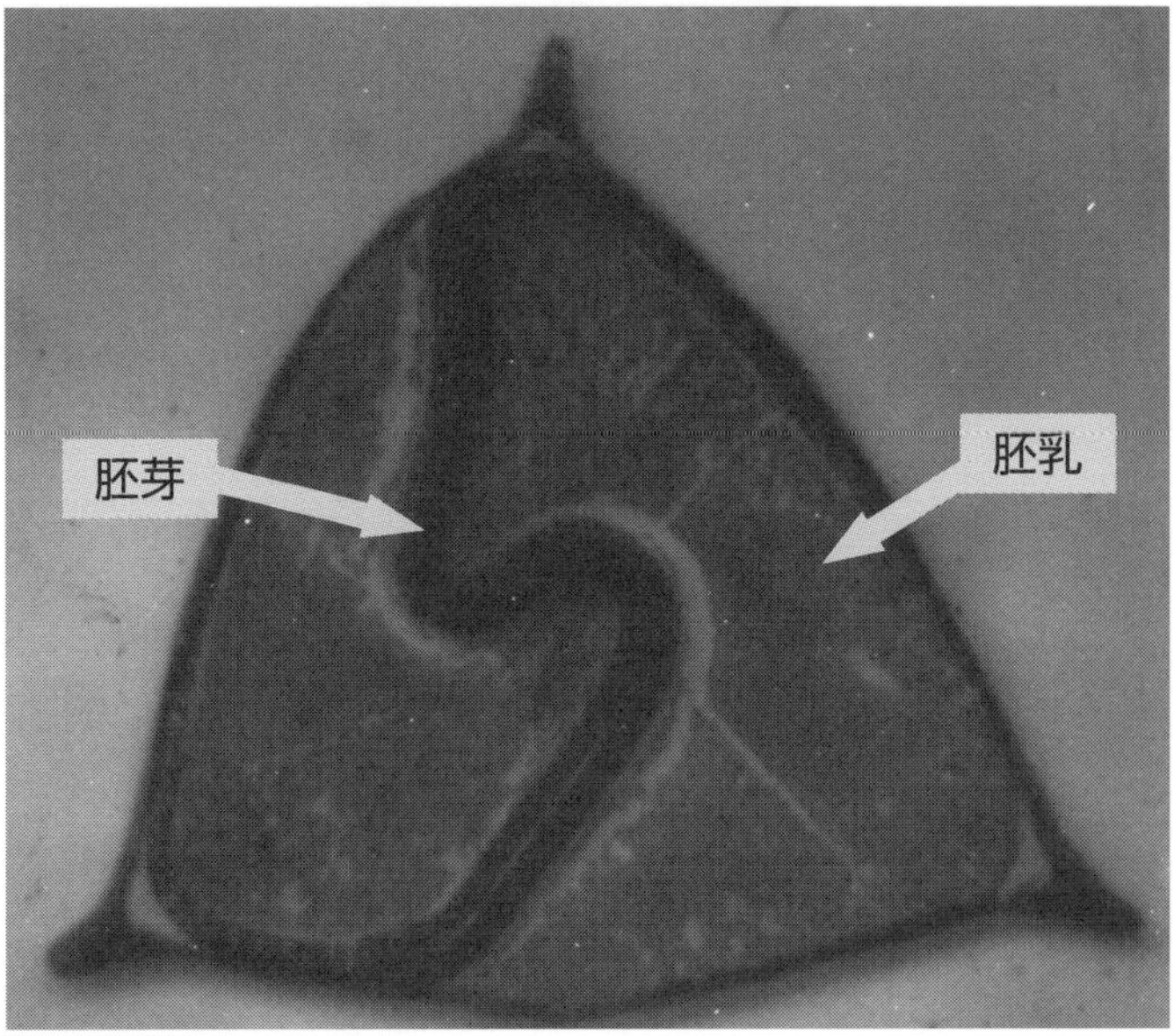

胚芽が胚乳の中に入りこんでいる

出典:株式会社ニップン

そばの外観の違い

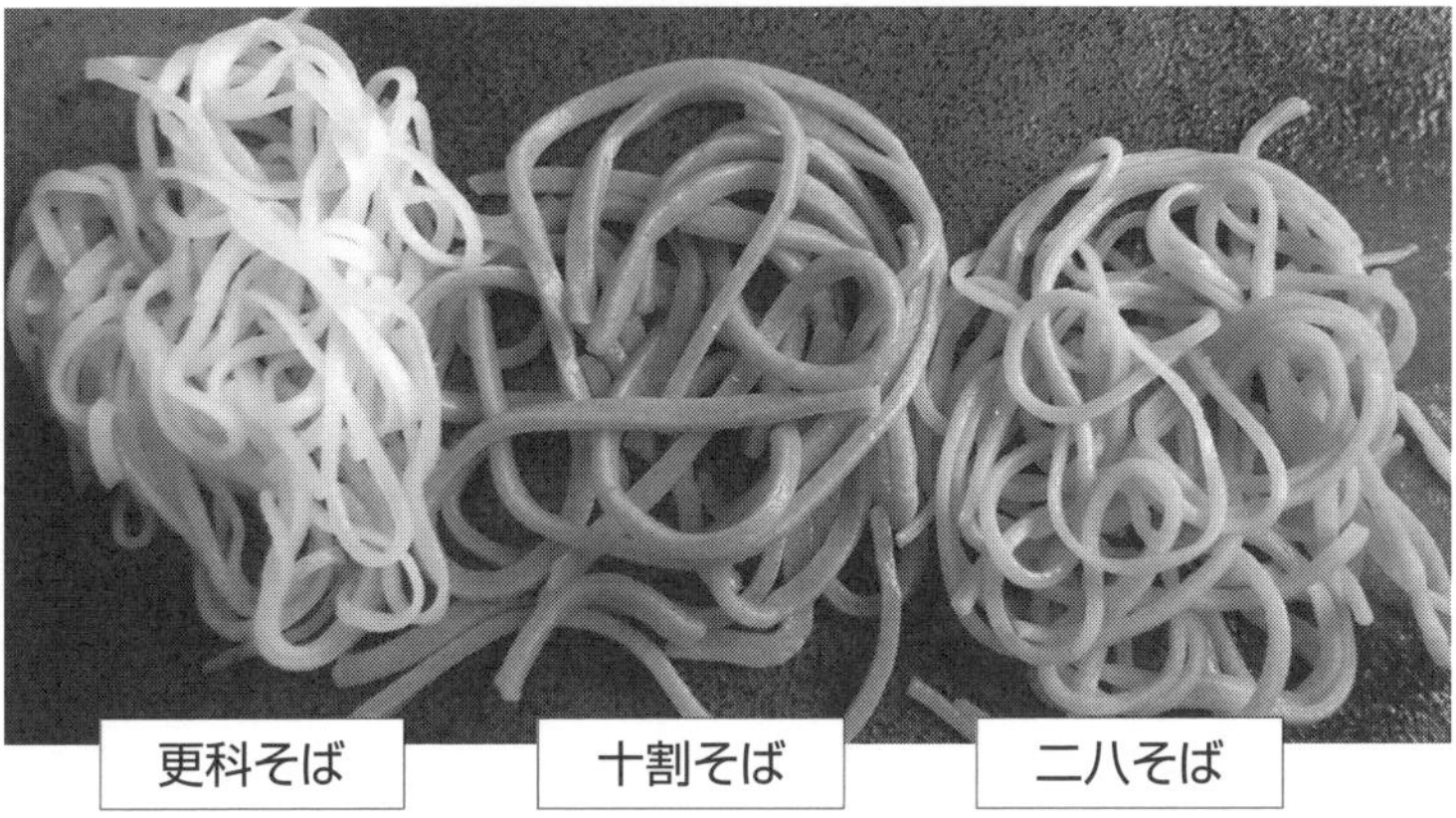

※二八そば：小麦粉2割、そば粉8割

40 グルテンを殺して生かす

加熱、エージング、クロリネーション

薄力粉の場合には、グルテンやでんぷんが傷んだ方が良いとされる場合もあり、乾熱処理やエージングなどが小麦粉の改質目的で使われています。熱処理は、蒸気を使う湿熱処理とドライヤーを使う乾熱処理があります。同じ熱処理でも、効果は大きく異なり、たとえると、さつま芋を蒸すのと焼き芋にするのとの違いです。薄力粉を、120℃で2時間の乾熱処理を行うと、カステラの作業性が良くなり、食感も軽くなります。日本では行われていませんが、海外では同様の効果を期待した改質方法としてクロリネーション（塩素処理）や過酸化ベンゾイルが行われることがあります。クロリネーションは小麦粉のグルテンやでんぷんや色々な成分に影響を与えますが、作用メカニズムはよくわかっていません。クロリネーションした小麦粉は、pHが下がり、バッター生地の粘度は高くなり、小麦でんぷんの疎水化に伴ってスポンジケーキの焼成後の収縮が抑えられ、中央部が凹むことなくケーキの形は均整が取れたものになり、内相（クラム）もきめが細かく・均質で・色も良くなります。これらの原因は、小麦粉と水の親和性が高くなる、小麦粉のでんぷん粒が疎水化して収縮が抑えられる、など諸説あります。

小麦粉の影響を受ける成分を絞り込むため、未処理の小麦粉と処理した小麦粉を、各々、①水溶性、②グルテン、③テーリングス、④プライムスターチ、の画分（かくぶん）に分けて、ひとつひとつを入れ替えて再合成した研究では、クロリネーション処理した薄力粉の再合成粉ではプライムスターチが最もケーキに影響する結果が得られています。

また、乾熱処理やエージング処理の小麦粉でも、プライムスターチが疎水化し、ケーキのバッター生地の中でタンパク質が構成する疎水的な気泡と疎水化したでんぷん粒が結び付きやすくなり、気泡が安定し、焼成後の構造が改良されるようです。

要点BOX

●薄力粉の場合、グルテンやでんぷんが傷んだ方が良いとされることもあり、乾熱処理やエージングなどが小麦粉の改質目的で行われる

塩素処理（クロリネーション）で、小麦粉のでんぷんは疎水化する

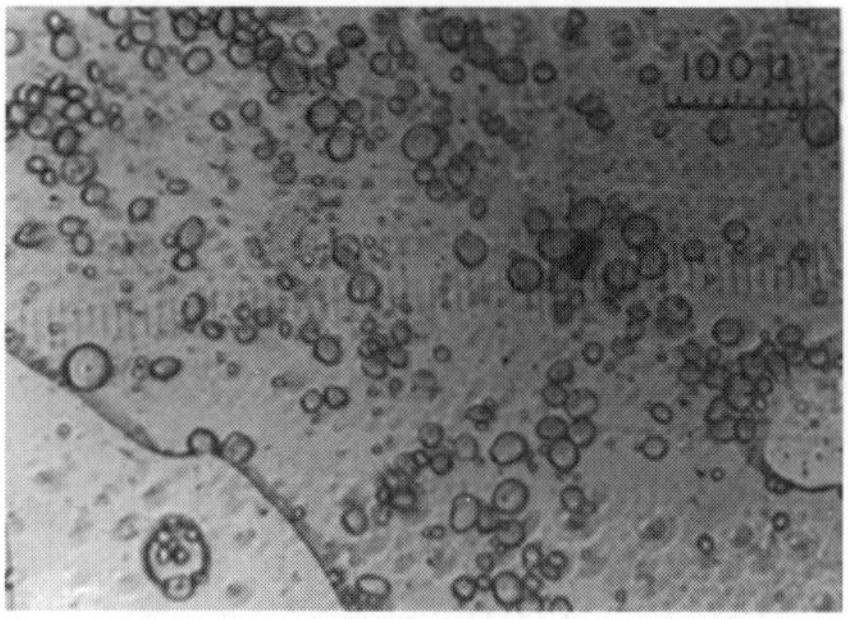

未処理の小麦でんぷんは
水層に分散している

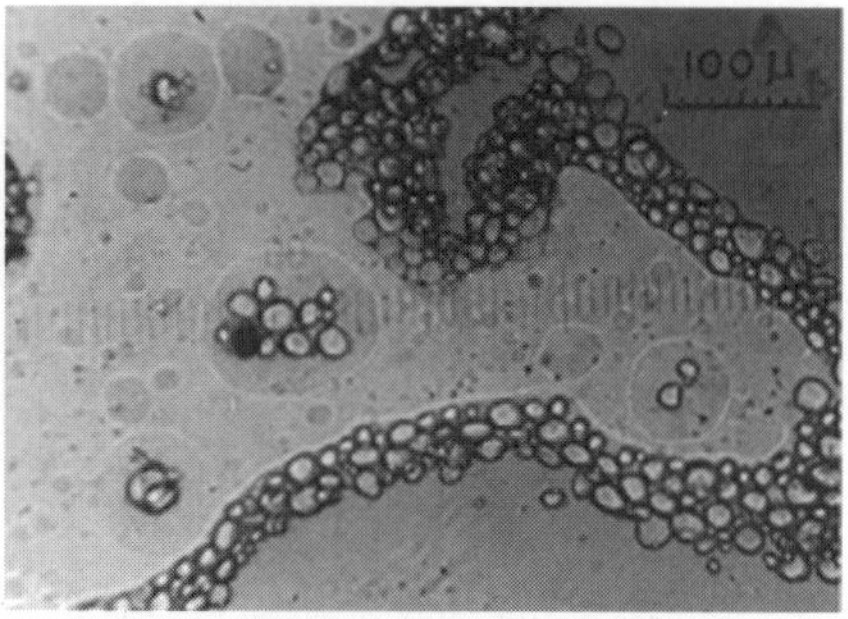

塩素処理して疎水化した小麦でんぷんが
水層から油層境界面に集まっている

出典：神戸女子大学・瀬口正晴名誉教授の御好意により掲載。

乾熱処理した小麦粉で作って容積が大きくなったカステラ（断面）

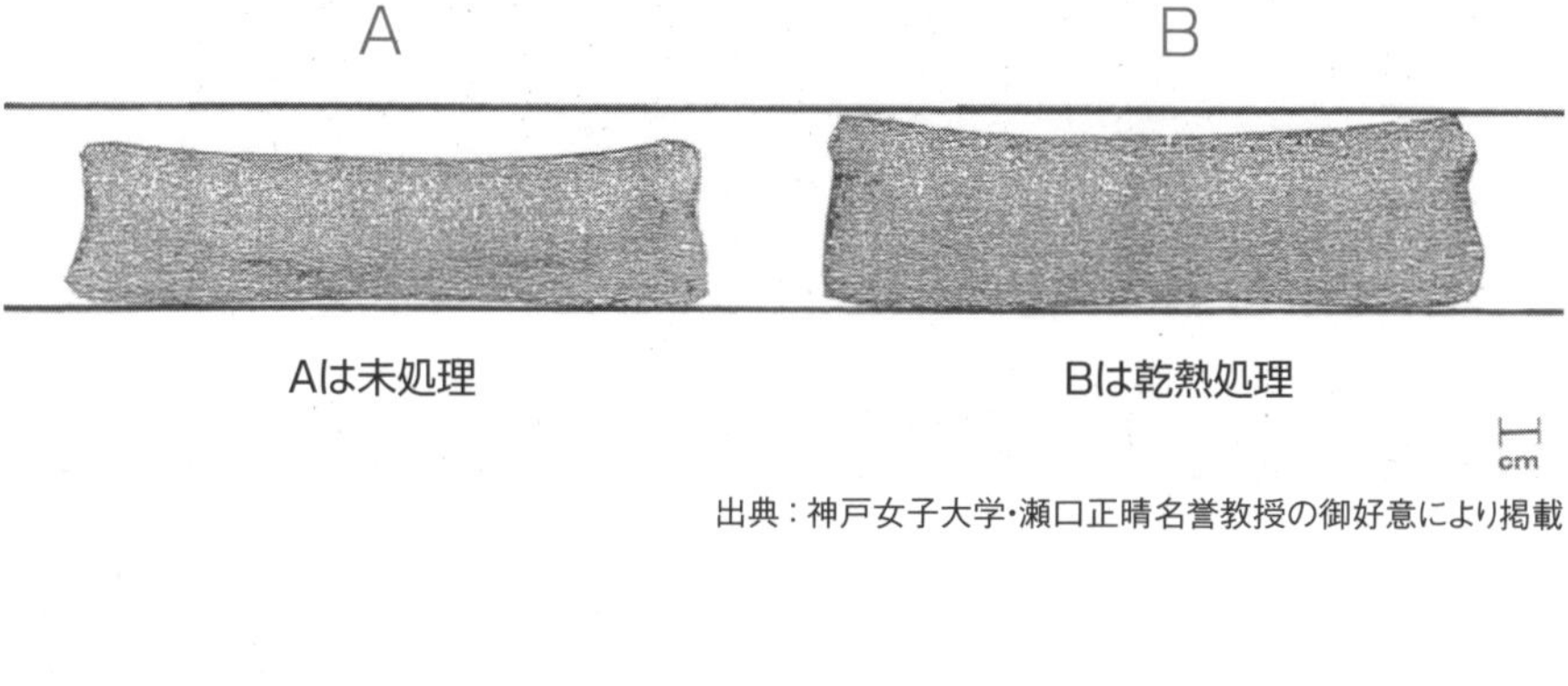

Aは未処理　　　　Bは乾熱処理

cm

出典：神戸女子大学・瀬口正晴名誉教授の御好意により掲載

用語解説

エージング（aging）：小麦粉を放置し、空気による酸化で熟成させること。

プライムスターチ（prime starch）とテーリングス（tailings）：小麦粉のでんぷんを回収する際に遠心分離した後の、沈殿下層の純白な部分が大粒でんぷんから成るプライムスターチ、沈殿上層の黄色味を帯びた粘性のある部分が水不溶性のタンパク質・多糖類・小粒でんぷん・脂質などから成るテーリングス。

Column

恐ろしい粉塵爆発

物体を細かくすると表面積が大きくなります。立方体で考えると、一辺を2分の1に切ると、面積は2のマイナス2乗に、個数は2の3乗になり、総表面積は2倍になります。つまり、n分の1にすると、総表面積はn倍になります。化学反応は物体表面上で起きますので、表面積が大きくなると反応速度も大きくなります。

さらに、中心までの距離も短くなるので、反応は急速に進みます。小麦粉は細かな粒子です。小麦を3ミリメートル程度、小麦粉を30マイクロメートル程度とすると、100倍の反応速度になります。燃えるのは、酸化反応ですから、小麦粉は小麦に比べて100倍以上よく燃えることになります。一気に燃焼するというのは、爆発と同じですから、空気と一定の割合に混合された小麦粉は静電気などの火花で着火して、爆発する危険があります。これが小麦粉の粉塵爆発です。

粉塵爆発は炭鉱などで大災害を起こしてきましたが、製粉工場でも起きる恐ろしい災害です。粉塵爆発の発生要因は、①可燃性である、②粉塵下限濃度以上である、③酸素が存在する、④発火源がある、と言われています。小麦粉の粉塵下限濃度は1立方メートル当り40～45グラム程度なので、それ以上の量の小麦粉が舞っていると状態で、金属が擦れたり静電気がスパークしたりして火花が散ると、爆発が起きてしまいます。小麦粉が舞う場面は余りないでしょうが、火の気のあるところでは、十分な注意が必要です。粉塵爆発の凄まじさを伝える歴史遺産がアメリカ合衆国ミネソタ州のミネアポリスにあります。1878年の春、7階建てのウォッシュバーン製粉工場が、粉塵爆発を起こし、数百フィートの高さまで瓦礫を巻き上げ、雷鳴のような爆音は数十マイル離れた隣町セントポールに響き渡ったと言われています。

粉塵爆発で無くなったWashburn A Millの建物は、博物館になっている(左)。粉塵爆発で建物が飛んでいる図柄の栞(右)。

第5章

小麦粉を使った馴染みの食べ物

41 小麦粉のせんべい

温泉せんべい、瓦せんべい、南部せんべい

せんべいは、米粉ベースの塩せんべい・固焼きせんべいなどと、小麦粉ベースの炭酸せんべいや瓦せんべい、それとでんぷんベースの海老せんべいや海産物をプレスする海鮮系のせんべいに大別できると思います。

一般的にせんべいと言うと丸い形の米粉せんべいを思い浮かべる方が多いと思います。これは、米粉と水を蒸練器という、蒸して練る機械で加熱し、米粉でんぷんをα化して糊化し生地にします。この生地を焼くと、生地に含まれる空気と水分が急激に体積増加を起こし、また、でんぷんも膨張・伸展して膨らみます。

あられやおかきも同じ米菓ですがもち米が使われ、米粉せんべいにはうるち米が使われます。もち米の方がうるち米より、アミロペクチン比率が高く粘りが強くて、お餅のように大きく膨化します。米粉せんべいは、一般に鋳型枠の中では焼かないので、表面から見てもでこぼこしていて、内部にも大きな空洞があったりします。内部の構造を電子顕微鏡で観察すると、糊化したでんぷんが薄い膜になって、伸びながら膨化していることがわかります。表面が硬く、全体にパリッとした食感は、この構造から生まれます。

小麦粉のせんべいは、炭酸泉を使った炭酸せんべいや重曹を使った瓦せんべいのように、加熱されることで炭酸ガスが発生して、鋳型枠の中で生地が膨張して作られるのが一般的です。そのため、糊化と膨化が並行しておきる米粉のせんべいとは違って、小麦粉のせんべいの内部は、炭酸ガスの発生に伴って生地が膨張した多孔質の構造をしており、糊化していないので小麦粉の構造体としてしっかりしており、比較的均質で表面と内部の違いはそれ程大きくはありません。外部が硬い米粉のせんべいのパリッとした食感よりも、サクサクとした食感です。写真に使用した南部せんべいは、糊化を伴うものだったので、やや米粉のせんべいに近い構造をしていました。

要点BOX

●小麦粉のせんべいの内部は、炭酸ガスの発生で生地が膨張した多孔質の構造をしており、糊化していない

せんべいの内部構造：米菓と小麦粉

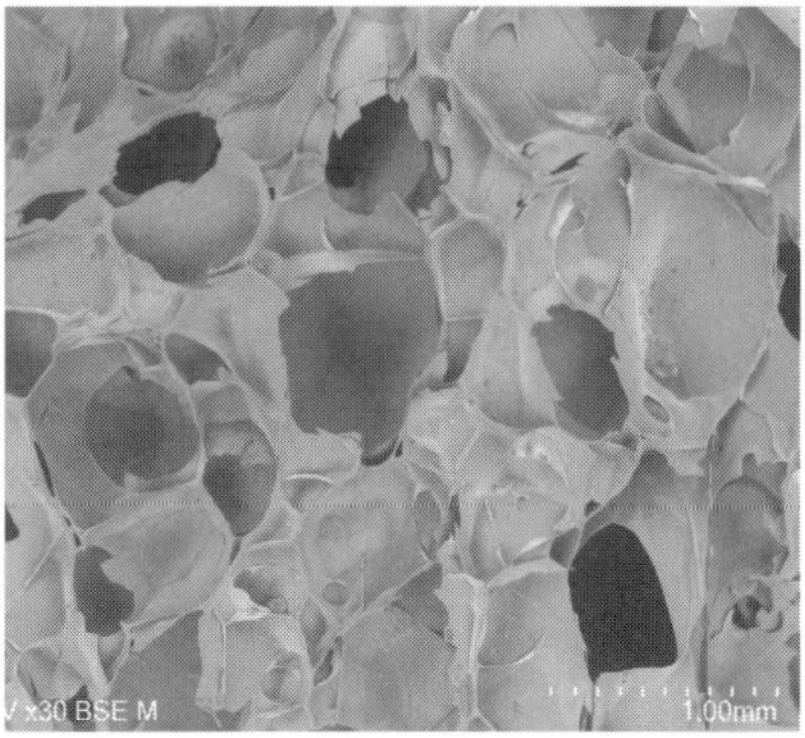

海老せんべい（米菓）

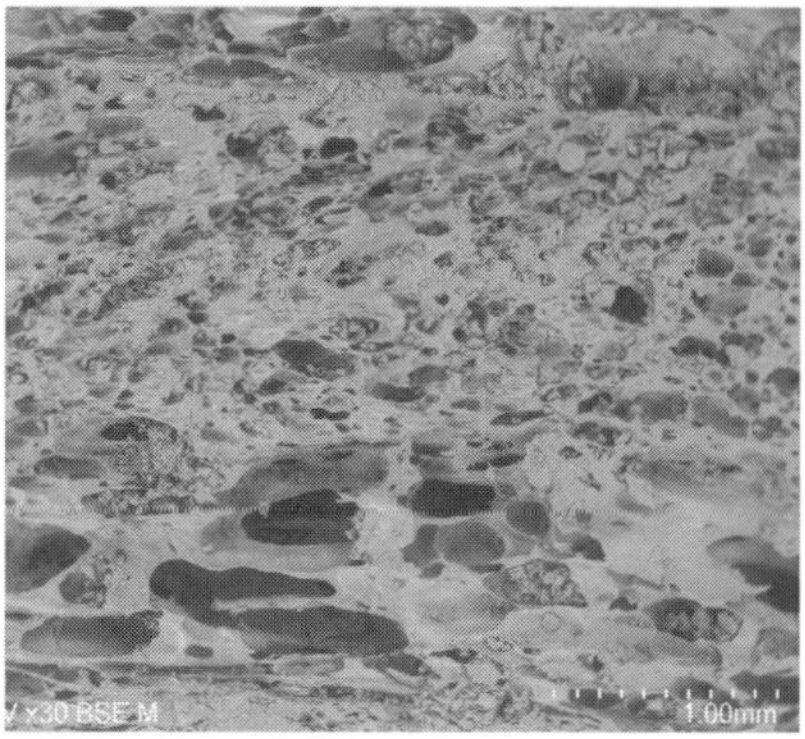

南部せんべい・落花生

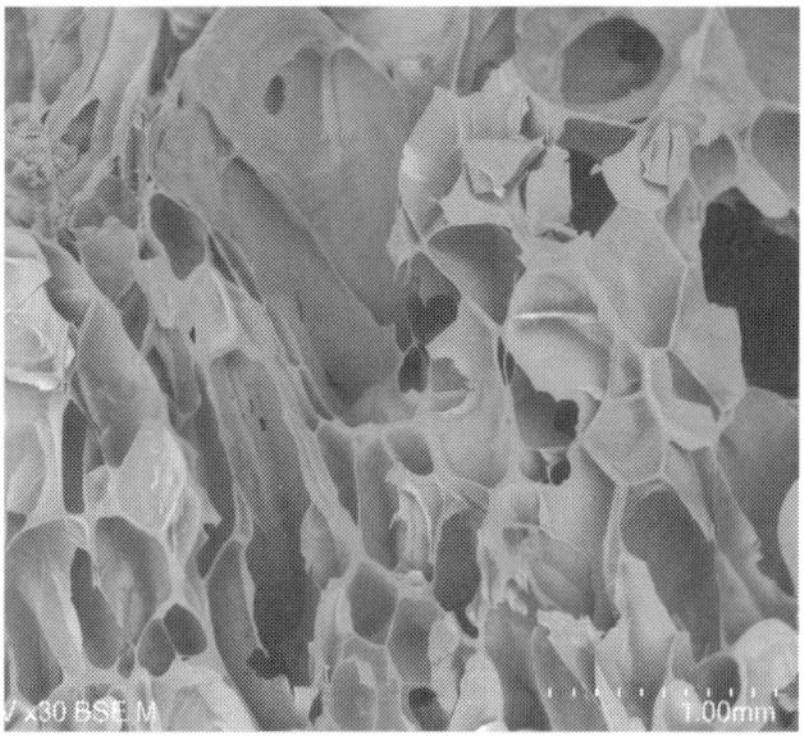

塩せんべい（米菓）

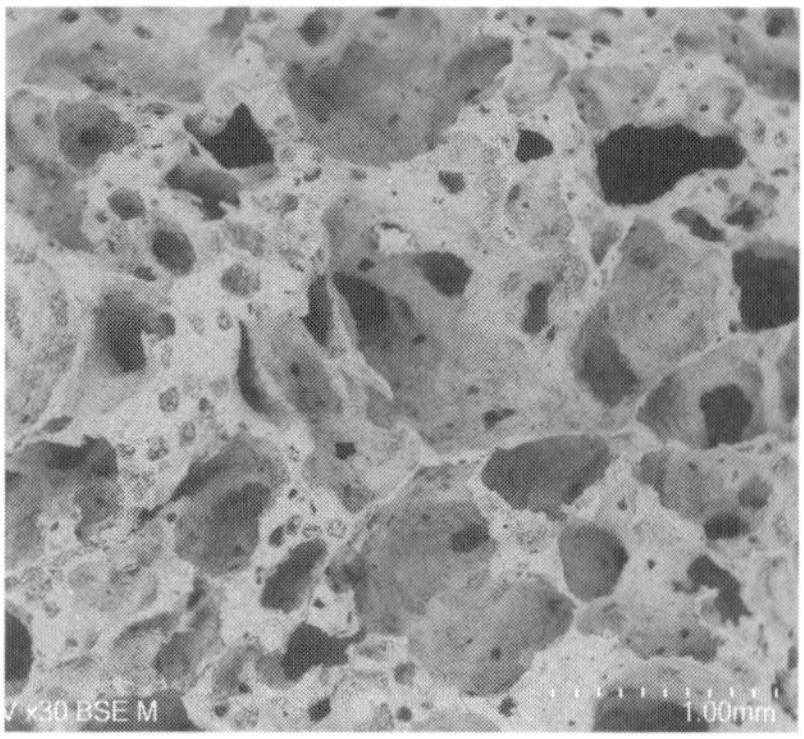

瓦せんべい

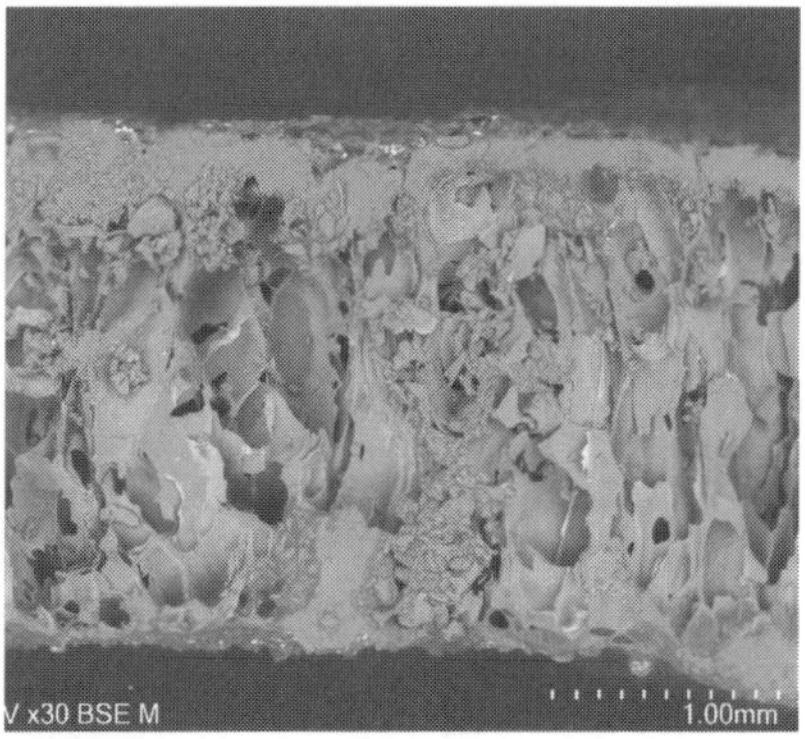

薄焼きせんべい（米菓）

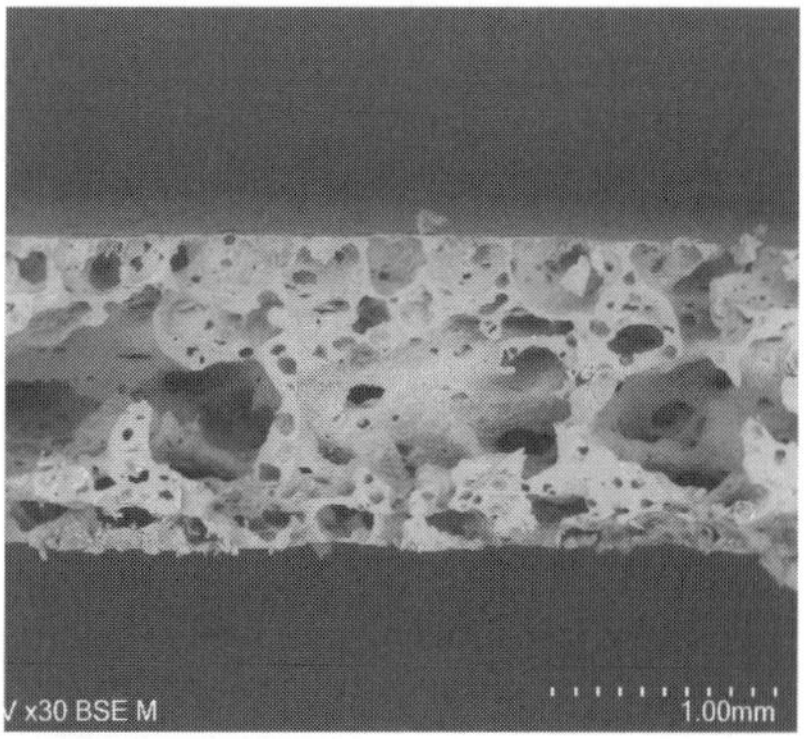

炭酸泉せんべい

42 小麦粉の郷土料理

団子汁、おやき

小麦粉を捏ねて丸めたり・延ばしたりして、汁物に入れた料理は、全国各地に「だんご汁」「だご汁」「すいとん」などといろいろな名前で呼ばれて伝統料理・郷土料理として親しまれてきました。その歴史は古く、室町時代の早い時期の古文書にも記述が見られます。特に、小麦の産地では、日常的に食べられてきたもので、私たち日本人の食生活で重要な位置をしめてきました。

一方では、自然災害や戦争で食糧事情が厳しい時代には、お米にかわる代用食として、大切な役割も果たしました。そのため、厳しい時代の印象が強く、おいしいイメージを持っていらっしゃらない方もいると思います。汁ものですから、使われる小麦粉には、お湯に溶け出しにくく、煮込み時間が長くないものが望まれます。ちょうど、うどん用の小麦粉がそれに近い性質で、日本の長い伝統の中で、自然にうどん用の中力粉に適する小麦が選抜・栽培されてきたものだと思われます。

また、「おやき」は信州の代表的な郷土料理のひとつです。野菜や山菜などの地元の食材を味付けして作った餡を、小麦粉などの生地で包み、焼いたり蒸したりして作る、一種のお饅頭です。その歴史は古く、縄文時代の遺跡から粉を捏ねて焼いた跡が発見されているそうです。稲作が難しい地域で、稲を作る代わりに小麦や雑穀が多く栽培されており、小麦粉や雑穀の粉で生地を作る「おやき」は米の代替食としてよく食べられ、主食、日常食、おやつとして各家庭に根ざした郷土料理です。各家庭で作られるだけでなく、普通にスーパーや食品店や観光地のお土産店などのでも販売されており、信州名物として幅広く親しまれています。

小麦粉の伝統料理・郷土料理は、この他にもたくさんあって、豊富なバリエーションの食生活を形作ってきました。

要点BOX

●小麦粉の伝統料理・郷土料理は、いろいろなところにたくさんあって、豊富なバリエーションの食生活を形作ってきた

伝統料理と小麦粉

すいとん粉
タンパク質10.4%の中力粉タイプの小麦粉。もちもちした食感で鍋料理や汁物の具材をはじめ、幅広くアレンジできる

小麦粉の種類と茹でた団子の硬さの違い

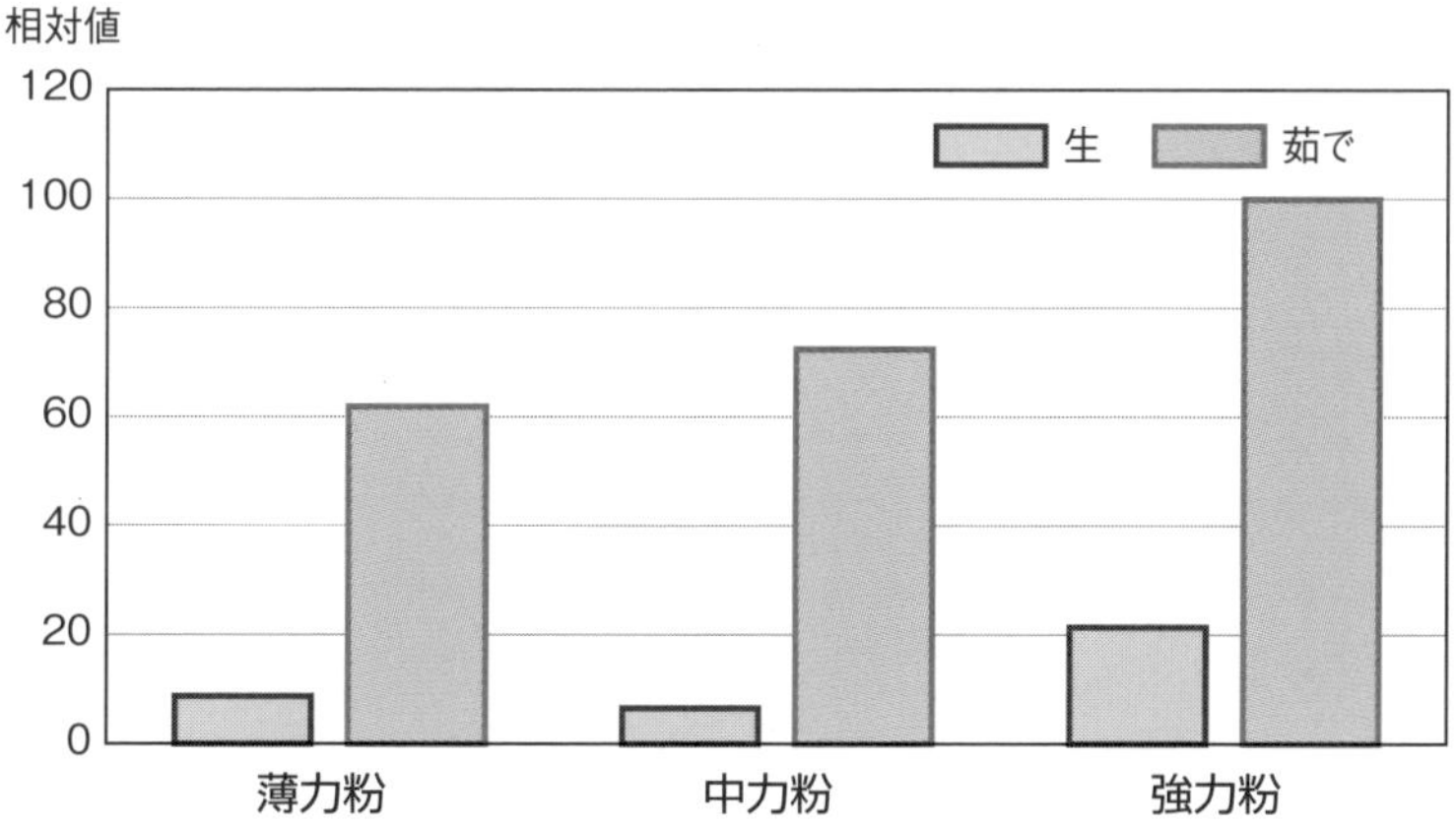

タンパク質の増加とともに、硬さと弾力が増加

43 日本の国民食カレーにも小麦粉が使われている

カレーのルー

カレーライスは、油で小麦粉を炒めてルーを作って自分好みのハーブやスパイスを加えてちょっと凝ったカレーを楽しんだり、多彩な市販のペーストや顆粒のルーを使って手軽にカレーを楽しんだり、みんな大好きな、日本人には欠くことのできない煮込み料理です。国民食ともいわれているカレーですが、小麦粉のでんぷんがとろみ付けに関係していることを知っている人はそれ程多くないのかもしれません。

ルーの中の小麦粉でんぷんは、食材（具材）を煮込んだ鍋に溶かすと、スープで加水加熱され、でんぷん粒の結晶構造が壊れてアミロースが溶け出して糊化し、とろみ（粘度）をだします。また、小麦粉でんぷんの他にも、ジャガイモなどの野菜からもでんぷんや多糖類が溶出してとろみが増します。

これら加水加熱で糊化したでんぷん類はとても消化・分解されやすい状態にあります。微生物も栄養源として繁殖するので、翌日まで持ち越す場合は低温で保存することが推奨されています。衛生的な視点以外でも酵素によるとろみの変化にも注意することが必要です。市販のルーには、はちみつを加える際は十分に煮込んでからルーを加えるように注意書きがしてあります。というのも、はちみつは酵素（αアミラーゼ）の活性が高いためです。はちみつだけはなく、バナナや山芋などもαアミラーゼが高い食材として知られています。植物種にもよりますが、αアミラーゼは比較的熱に強く、70℃程度でも働き、カレーを作っている最中にも酵素が働くと、とろみが出なかったり、保存中にとろみが減少したりします。試しに、お湯に溶かしてとろみを出したルーに、はちみつ、バナナ、山芋を7％加えて、70℃で20分間保持してみたところ、はちみつは3割に、バナナは8割に、山芋は4割にとろみが減少してしまいました。カレーに色々な食材を入れて食べるのは楽しいことです。その際は、とろみ（粘度）と食材の酵素の関係にも思いを巡らせましょう。

要点BOX
- ●カレーのとろみには、小麦粉のでんぷんが関係している
- ●加熱されるとでんぷん粒の結晶構造が壊れる

カレーのルーのでんぷん(顕微鏡写真)

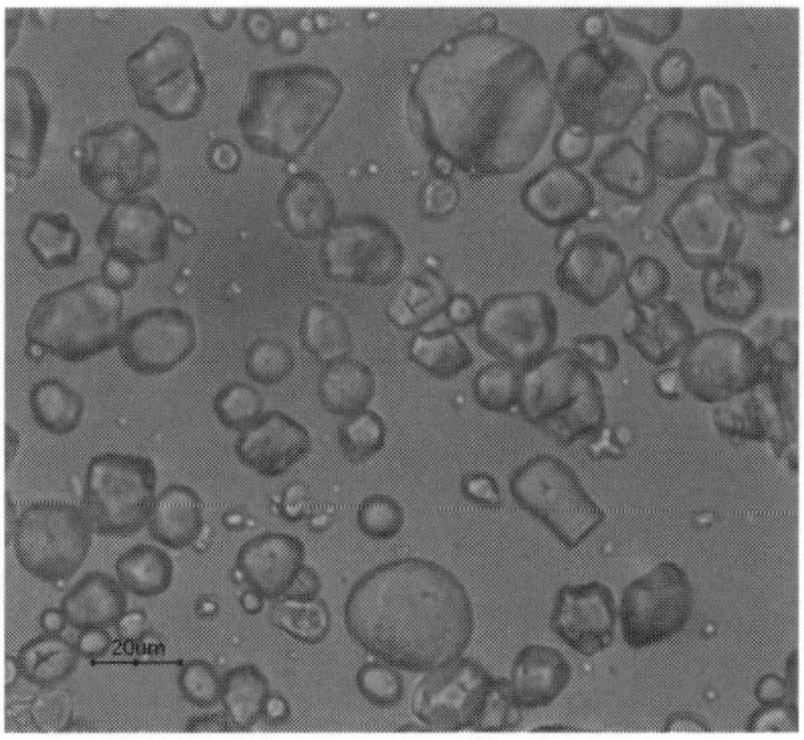

光学顕微鏡で見るとでんぷん粒がはっきり見える(左)

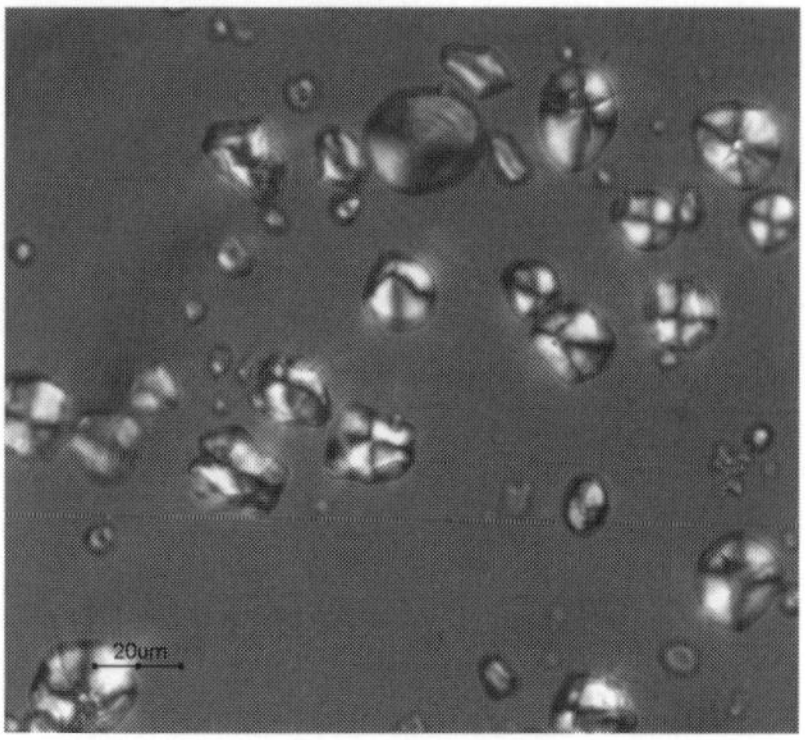

偏光観察すると、偏光十字が見られ結晶構造が残っていることがわかる(右)

食材によるルーのとろみ(粘度)の減少

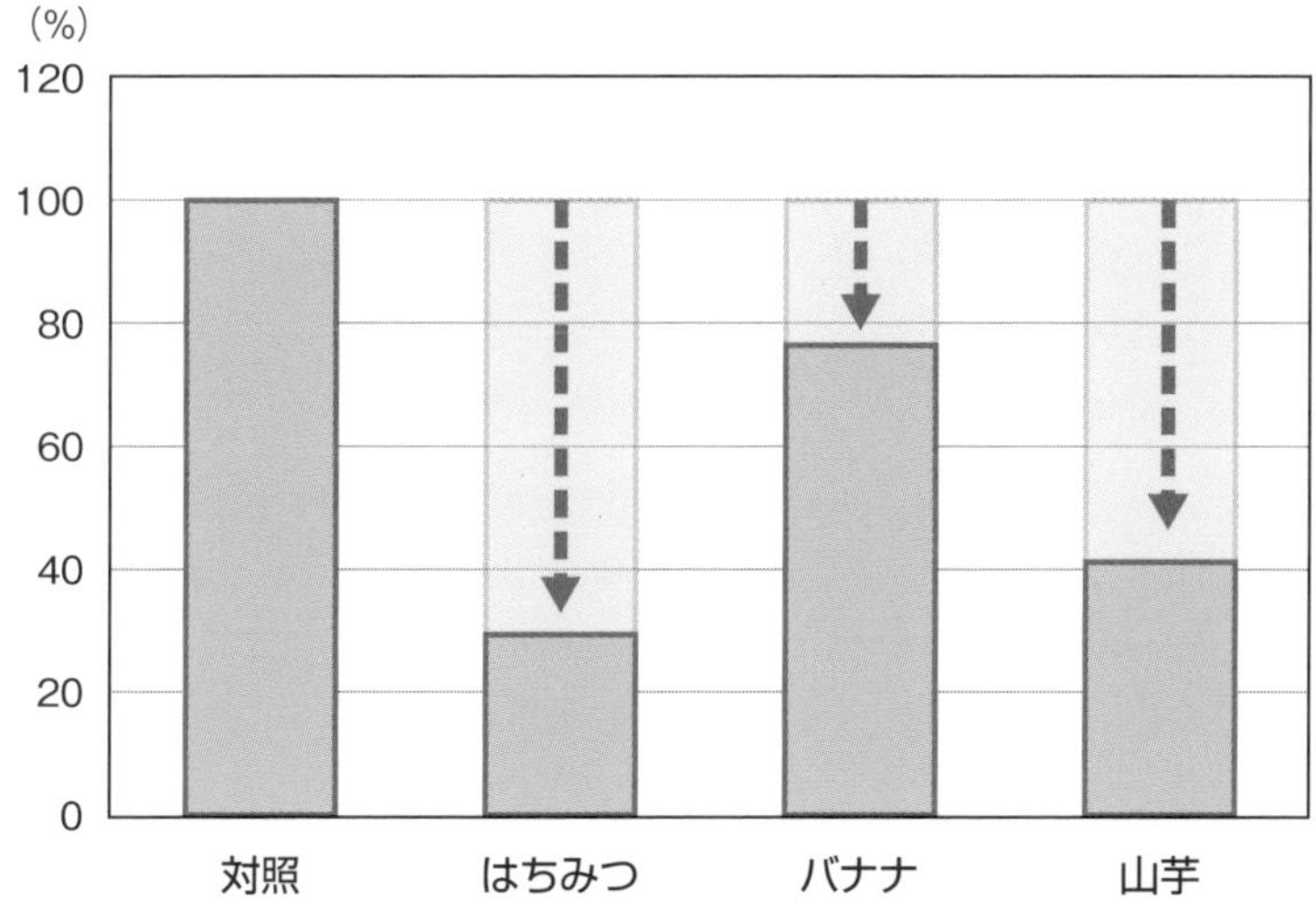

70℃に20分保った時のとろみの変化。 対照品に比べて、αアミラーゼの高い食材を加えると、とろみが減少する。 山芋は加えた直後は粘りが出てとろみが増すが、その後でとろみがなくなる

44 揚げ物は衣サクサクが美味しいのだ

素材と衣のバランスが大切

小麦粉を衣にした揚げ物は、天ぷら、とんかつ、から揚げ、に代表されるおかずの王者と言ってもよいと思います。衣を付けるのは、加熱はもちろん、味付け、食感、見た目を良くするためです。

衣を付けることで具材の水分を失わせることなく、高温の油で一気に蒸し焼きにでき、衣で包み込むことで、具材の持つジューシーな食感を保ったまま加熱調理できることが揚げ物の一番の特徴です。

天ぷら、とんかつ、から揚げは、各々で衣の性質に違いがあります。天ぷらは、薄く溶いた小麦粉で具材の美味さを引き出します。単純なだけに、難しさがありますが、手軽に作れるよう、決められた水を加えることで誰でも美味しい天ぷらができる天ぷらミックス粉が販売されています。それでも、かき揚げを油っこくせずに、さらりと揚げてサクサクした食感に仕上げることは難しいことです。野菜は天ぷらが一番で、例えば仮に、とんかつのように小麦粉をまぶし、溶き卵に潜らせ、パン粉を付けて揚げても美味しくありません。豚肉の厚切ロースをから揚げにしても、やはり鶏肉には劣ります。どれも具材に合った調理方法があるのです。

揚げ物は、衣の水分が高温の油で一気に気化して、水蒸気の抜けた穴に油分がはいることでサクっとした食感を得ることができます。水分が逃げられず、衣に残るとでんぷん糊となって油っこい食感になります。

油っこいと感じるのは、水分交換が十分できなかったためで、衣に水分が多過ぎたり、でんぷん質が水分を抱えたりすると、水分は逃げられません。そのため、重たく油っこい揚げ物になってしまいます。水分が抜けるとドライな感じになります。べたべたオイリーな感じは実は残った水分と油か混ざった感じが引起しているのです。油っぽさと衣の強度、適度な油感、素材と衣のバランスが大切で、固い具に堅い衣は似合いません。

要点BOX

- 天ぷらは、薄く溶いた小麦粉で具材の美味さを引き出す
- 衣の水分を高温の油で一気に気化させる

天ぷらの温め直し

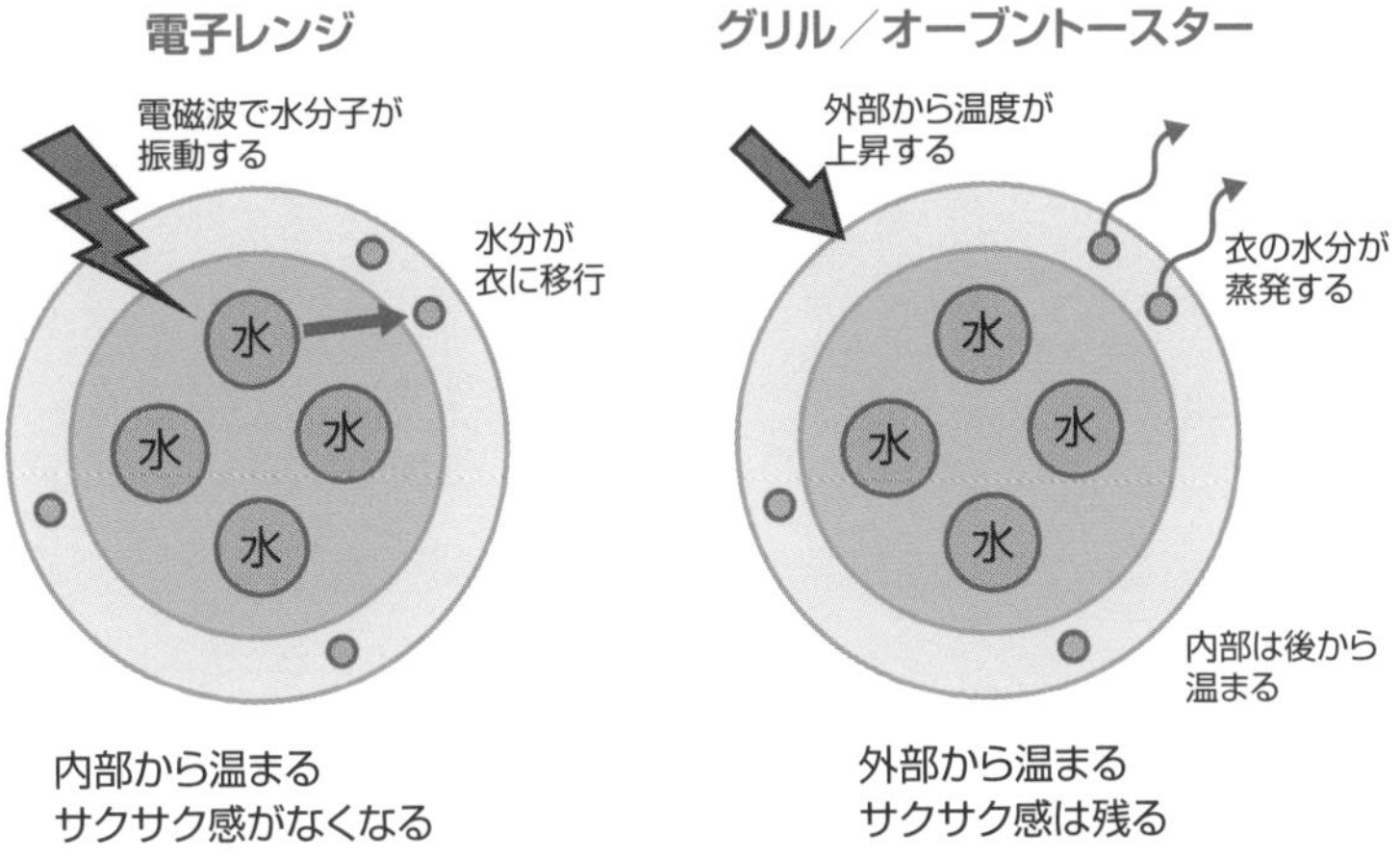

温め直し方法の違いによる衣の水分比較（海老天の一例）

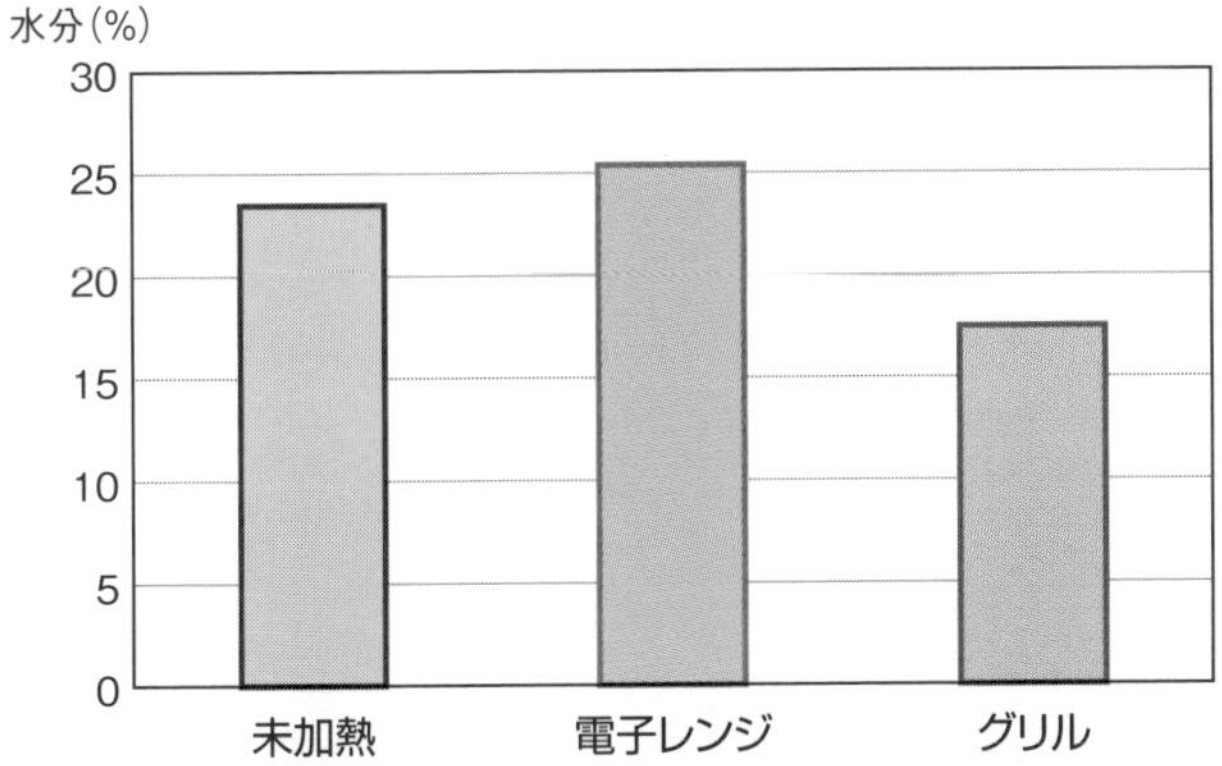

冷めてしまった揚げ物を温め直しする時に、電子レンジとオーブンでは衣の水分に違いが生じる。 電子レンジに掛けると、水分には温度上昇しやすい性質があるので、内部に含まれる水分が水蒸気となって水分の低い衣に移ってしまう。 一方、ガスコンロのグリルやオーブントースターを使うと、衣表面から温度が上昇するので、衣の水分が減って、サクサクした食感になる

45 天ぷらは、小麦粉を溶いて衣にする

素材の水分を守り衣はサクッと

天ぷらの食感の良し悪しは、衣の水分の蒸発と膨張揚げ油の浸入に掛かっています。揚げ油の種類、温度、揚げ方も品質に影響しますが、ここでは衣に注目します。衣は小麦粉を水で溶いたバッターです。使う小麦粉のタンパク質の量と質、でんぷんの性質、添加物のありなし、加える水の量、水の温度、バッターの混ぜ方によって衣の性質が違ってきます。

小麦粉のタンパク質が多いと、混ぜた時にグルテンが形成されやすくなります。そうすると、急激に加熱された水分は蒸発できずに保持されてしまい蒸気圧が高くなり破裂する恐れがあります。また、水蒸気の逃げ道がないので、サクサクした食感にはなりません。グルテンの形成を抑えることが大事なことです。加える水を増やして薄めたり、水の温度を低くしたり、お酢を加えてpHを低くしたり、小麦粉に熱を加えたり、長時間保存してタンパク質に損傷を与えたり、様々な方法でグルテンの形成を抑えてサクサクした衣を作っています。重曹を加えるのは、衣を膨らませて、水蒸気の逃げ道を作ってサクサクした食感を作れるからです。

でんぷんの性質から天ぷらの衣を見ると、アミロースが高いでんぷん質の穀粉、例えばトウモロコシ粉を小麦粉に加えると、サクサク、カリッとした食感になり、アミロースが低いでんぷん質の穀粉、例えば米粉を小麦粉に加えると、モチモチしたヒキのある食感となる傾向があります。ただ、米粉でも品種によってアミロース含量が異なります。22%を超えるような高アミロース米などは、サクサク、カリッとした歯切れの良い食感になります。

このように、小麦粉などの性質によって衣は、具材の水分の消失を防ぎ、一方では衣自身からは水分を逃がしてサクッとした食感の天ぷらを提供してくれます。油の中で熱が加わった時に水分をスムーズに逃し、ポーラスな構造を作ることが大切です。

要点BOX
- ●天ぷらの衣は小麦粉を水で溶いたバッター
- ●様々な方法でグルテンの形成を抑えてサクサクした衣を作る

昔から天ぷら(天麩羅)は日本人に愛されてきた

江戸時代の天麩羅屋台「職人盡繪詞 第1軸の第7図部分」

職人盡繪詞 第1軸、鍬形蕙斎 原画、山東京傳、杏花園、手柄岡持　詞書(江戸時代)、
和田音五郎 模写(明治時代)
出典:国立国会図書館ウェブサイト:デジタルコレクション
https://dl.ndl.go.jp/pid/11536004 (参照 2023-05-27)

用語解説

ポーラス(porous):穴が多いこと。

46 パン粉は水分・目の粗さで使い分ける

小麦粉から作られるパン粉

パン粉もJAS法に規定があり、『小麦粉またはこれに穀粉類を加えたものを主原料とし、これにイーストを加えたものまたはこれらに食塩、野菜及びその加工品、砂糖類、食用油脂、乳製品等を加えたものを練り合わせ、発酵させたものを熔焼等の加熱した後粉砕し、乾燥したものまたはしないもの』です。

パン粉は、水分により大きく3つに分けられます。家庭用で多く見られる乾燥パン粉は水分が14％以下になるように乾燥したもので、カリッとした食感が得られます。水分35％～38％の生パン粉は、業務用で多く使われています。生パン粉は、水分が油と置き換わり、サクッとした食感になりますが、水分が高いため日持ちはしません。セミドライパン粉は水分20％～30％で、家庭用ではなくオーダーメイドの業務用のパン粉になります。

パン粉は目の粗さによって用途を使い分けるのが一般的で、ボリューム感のある粗いパン粉は、とんかつや海老フライ等に使われ、パン粉の存在感を前面に打ち出します。

一方、細かなパン粉は、コロッケや串かつなどに使われます。

パン粉は、普通の食パンと同様に釜を使ってパンを焼く焙焼式と、パン生地を型に入れて電気を通して焼く通電式（電極パン）で作られます。他にも、イーストを使わずに膨張剤で焼くブレダー式もあります。熔焼式には強力粉が使われ、通電式には強力粉に中力粉や薄力粉を混ぜて使われることが多いようです。

また、焙焼式と通電式のパンを作る方法には、中種法とストレート法があります。中種法で作るとソフトなパン粉になり、ストレート法で作るとやや固めのパン粉となります。通電式は、生地内部で発熱するので、エネルギー効率が良く、耳（クラスト）に相当する部分も白くでき上がり、色つきが遅いので、ゆっくり熱を通したいとんかつには向くと言われています。

要点BOX
●パン粉は、水分により大きく3つに分けられる
●パン粉は目の粗さによって用途を使い分けるのが一般的

パン粉の種類

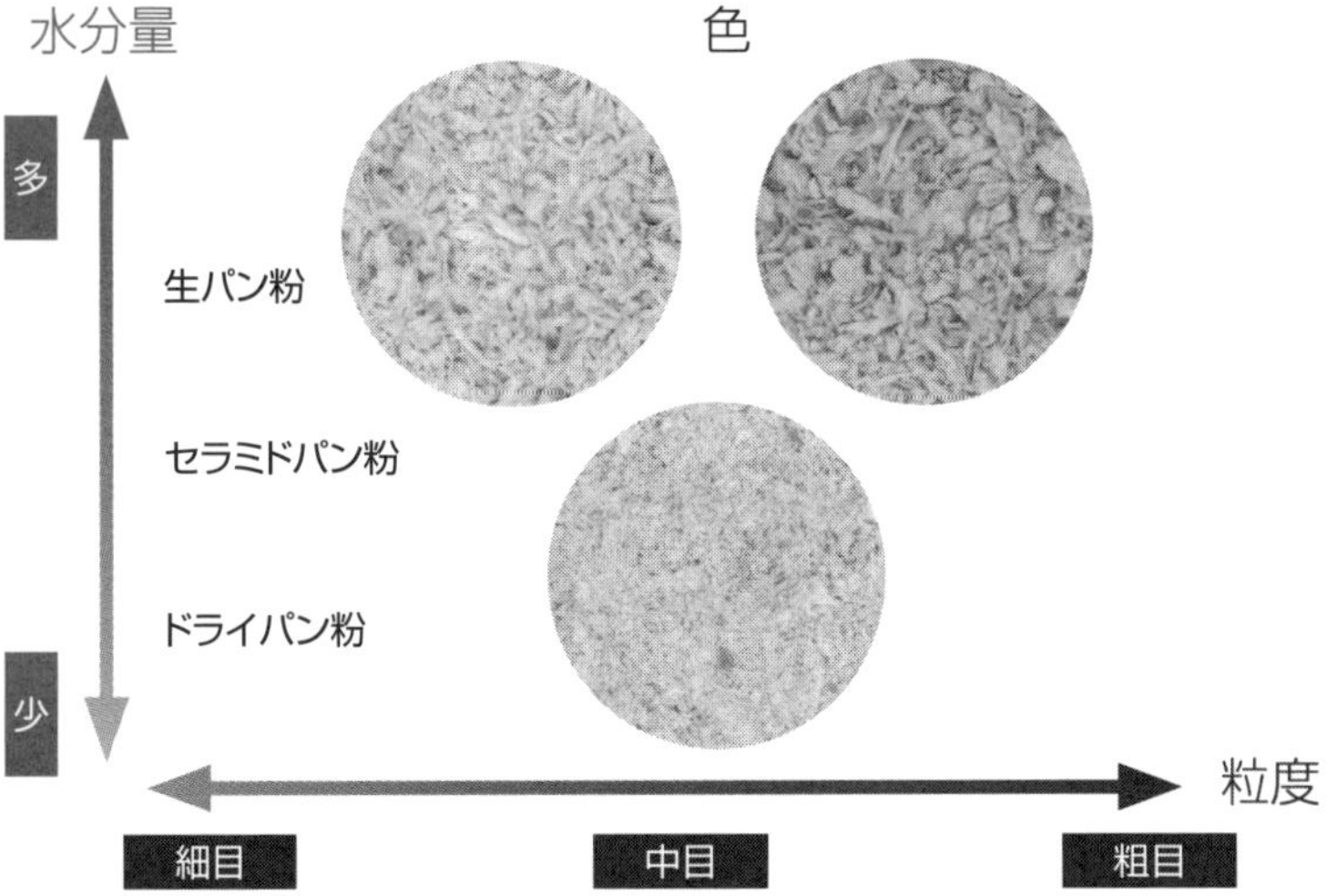

パン粉の製法と特徴

製法	焙焼式パン粉	通電式（電極）パン粉
パン製法	一般的なパンと同じで釜で焼く	パン生地を入れた両側に電気を流して焼く
小麦粉	強力粉メイン	強力粉・中力粉・薄力粉のブレンド
パン粉の特徴	香りが強い	フライ後の剣立が良い味・香りが弱い

47 グルテンから作ったお麩は高タンパク

小麦粉とお麩

小麦粉は、弾力と伸展性を持ったグルテンタンパク質が含まれているのが最大の特徴です。イーストや膨張剤から発生した炭酸ガスを蓄えてパンやドーナツのふっくらした形状を作ったり、うどんや中華麺のように線状に加工できるのもグルテンのあるお陰です。

そして、グルテンそのものを使った食材がお麩になります。お麩はどうやって作られるのでしょうか?

まず、小麦粉と水を練って生地を作ります、次に生地を水で洗うと、グルテンと小麦でんぷんに分かれます。小麦でんぷんもグルテンも、それ自体が、乾物として販売されています。

焼き麩は、洗い出したグルテンに小麦粉を混ぜて作ります。捏ね上がった麩を、釜で焼いた後に冷ましたものが焼き麩です。

焼き麩は、お味噌汁やお吸い物、鍋物でとても身近な食品で、スーパーに行くと何種類ものお麩が売られています。お汁や茶碗蒸しや鍋料理に入っていると、彩が豊かになります。

生麩や麩菓子は、洗い出したグルテンにもち粉（糯米粉）を加え練ったものを、茹でたり蒸したりして作られます。色を付けたり、細工をしたり、和菓子と見間違えるようなきれいな生麩もあります。お正月のおせち料理に入っていたり、料亭や寺院の精進料理に入っていたり、和食の伝統を守っている料理に多く使われています。

料理にではなく、青竹の棹に入れて蒸したり、餡を包んで麩饅頭にして、それだけを食べるためにも売られてもいます。

食べ物としてではなく、池の端で鯉の餌として焼き麩が売られていることがあります。手を汚さず、軽くて、高タンパク質で水に浮く性質があるからでしょう。昔から見られる光景です。それが高じたのか、麩をベースに副資材を配合した鯉専用の飼料も販売されています。

要点BOX

- 小麦粉は、グルテンという弾力と伸展性を持ったタンパク質が含まれているのが最大の特徴
- グルテンそのものを使った食材がお麩

焼麩の焼き方による種類

焼き方	特徴	麩の種類
(1)直火焼	木または鉄製の棒に生地を巻き付け、直火の上で回転させながら焼く	車麩、板麩
(2)蒸し焼	平面の釜で水を打って蒸し焼きにする。水蒸気によって、表面が固くならずに、大きく膨らみ、柔らかい質感に焼きあがる	切麩
(3)型入焼	松茸や花などの細長い金型を作り、着色した生地を入れ、釜で焼き、裁断する。小形で色付きの焼麩ができる	花麩、松茸麩
(4)金型焼	四角形や半球状の金型に一粒ずつ生地を詰めて、火にかけて焼く。表面は固く、中は柔らかい仕上がりとなる	丁子麩
(5)油揚げ	生地を油で揚げると大きく膨れる	油揚麩

全国製麩工業会のホームページ((http fC17470220180501.web4.blksJp zenfukai/jiten/index html)を参考に作成した。

スーパーで市販されている焼麩

48 水蒸気を気泡として膨張成長させる

シュークリームの皮

シュークリームのシュー皮も、小麦粉で作ります。

シュー皮を作る流れを簡単に紹介すると、鍋に水、バター、砂糖、塩を入れて沸騰させ、薄力小麦粉を加え、木ベラで手早く混ぜ、鍋肌から離れるようになったら火を止め、ボウルに移し替えて卵を加えよく混ぜます。これを絞り袋に入れ、天板に絞り出して、オーブンで生地の内部に軟らかさが残らないように、しっかり焼いて、冷却したら完成です。

それでは、どうしてシュー皮は膨らむのでしょう。市販のシュー皮には膨張剤が入っているものもありますが、本来のシュー皮の配合には入れる必要はありません。シュー生地に含まれている水分が、オーブンの中で温度が上がることによって水蒸気となり体積が急速に膨張して大きな気泡となって膨らみます。膨らむためには、卵を加えた後でよく混ぜ合わせた時に生地に細かな空気の泡を取り込んで、これが膨らむ気泡の核になることがポイントとなります。この細かな泡が、発生する水蒸気を気泡として膨張成長する原動力となるのです。ただ細か過ぎる泡は、界面張力に負けて泡の空気が生地中に溶け込んで消えてしまいます。

オーブン内で気泡を成長させるためには、発生する水蒸気をしっかり保持する能力と、膨張できる滑らかな伸展性を生地が持っていることが必要になります。小麦粉と水とバターを熱して小麦でんぷんを糊化させて弾性率を上げ、次に溶いた卵を加えて良く混合することで生地に空気の泡を含ませて比重が小さくて、滑らかな生地を作ります。

膨化は生地比重と逆相関の関係にあるので、十分に空気を含むことを、比重と滑らかさで管理します。オーブンの中で膨化して大きな気泡がつながり空洞ができたシュー皮は、そのまま取り出すと萎んでしまうので、良く焼成してタンパク質を変性させ、乾燥させて、シュー皮特有の構造を保持できるようにします。

要点BOX

●小麦粉と水とバターを熱して小麦でんぷんを糊化させて弾性率を上げ、溶いた卵を加えて良く混合することで生地に空気の泡を含ませる

シュークリームの皮(シュー皮)

鍋に水60ml、バター25g、砂糖1.5g、塩少々を入れて沸騰させ、薄力小麦粉40gを一気に加え、木ベラで手早く混ぜ、鍋肌から固まりになって離れるようになったら火を止め、ボウルに移し替える

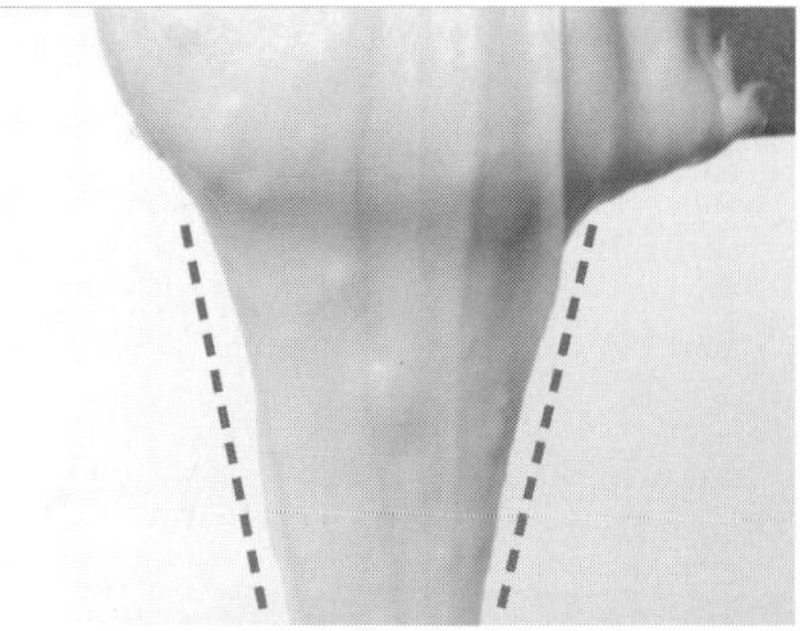

溶いた卵2個分(約110g)を数回に分けながら加え、その都度なじむまでよく混ぜ、木ベラで持ち上げ、残った生地が二等辺三角に残る位が固さの目安

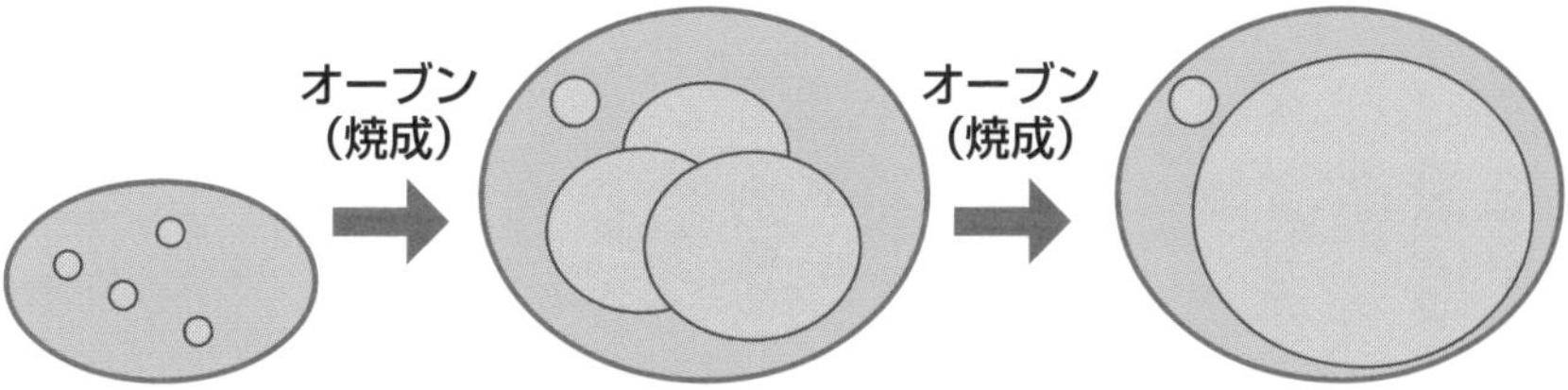

滑らかなシュー生地に含まれる空気が気泡核となって、水蒸気の膨張を助ける

太めの口金をつけた絞り袋に入れ、天板に間隔を空けて絞り出して、溶いた卵を刷毛で表面に塗り、フォークの背などで表面を軽く押さえたのち、190℃のオーブンで生地の内部に軟らかさが残らないように、約30分間しっかり焼いて保形した後で、冷却する

シュー生地を横半分に切り、カスタードクリームを入れ、ホイップクリームを絞り出せば完成

出典:株式会社ニップン

49 グルテンを含まない米粉パンはいろいろな工夫がある

米粉パン

米粉パンは、お米の粉（米粉）を使ったパンで、通常、パンの主原料である小麦粉を使わないことが多く、特に、小麦アレルギー疾患のある人に対応する場合は、パン生地の伸張性や弾力性の元となるグルテンを含まないため、ボリュームのある良好な膨らみと柔らかで弾力のある食感がなかなかできませんでした。

さらに、米粉パンにはしっとりとした食感が続かず、時間とともに硬くなり、日持ちしないという性質もありました。

そこで、今では加工でんぷん、増粘多糖類、酵素などを添加することで、米粉パンの生地の粘度を高くしてガス保持力を高めることが行われ、昔に比べると格段に良い米粉パンができるようになりました。

パンに向く米粉を作るための研究もされています。一つは米粉の遺伝的な性質で、もう一つは米粉の粒子としての後天的な性質です。遺伝的な性質は品種改良で、主に米でんぷんのアミロース含量を変化させることが行われています。ご飯として食べているお米は、中程度のアミロース含量（16～18％程度）になります。米粉でも、麺には作業性やほぐれを良くするアミロース含量が30％程度の高アミロースの品種が良いとされています。一方、パン用の米粉に良いとされるアミロースの幅は15％～25％で、約16・5％の「ほしのこ」や約18・6％の「こなだもん」などが含まれますが、あまりアミロース含量が低いと、焼成後の保形性が悪く腰折れなどを起こしてしまうので、調整が必要です。

お米の粒を砕いて製粉する際に、しっかり製粉して米粉の粒子を細かくすると製パン性が良くなりますが、でんぷんの表面に傷が付いて損傷でんぷんが多くなり、製パン性が悪くなってしまいます。そこで、損傷でんぷんが多くなり難い品種を選んだり、損傷でんぷんを2～3％程度に抑えるため、気流粉砕と呼ばれるマイルドな製粉方法を使用したりしてパン用の米粉は作られています。

要点BOX

- ●米粉パンは、お米の粉（米粉）を使ったパン
- ●パンに向く米粉を作るための研究も行われている

主な米粉用米品種の特性

品種と用途	アミロース含量	特性
ゆめふわり（菓子用）	約8%	アミロース含有量が低く、シフォンケーキなどの柔らかな菓子用に適している
ミルキークイーン（菓子用）	約8.5%	アミロース含有量が低く、シフォンケーキなどの柔らかな菓子用に適している
ほしのこ（パン用）	約16.5%	製粉時に米粉粒子のデンプン損傷が少なく、細かな米粉ができるため、パン用に適している
こなだもん（パン用）	約18.6%	製粉時に米粉粒子のデンプン損傷が少なく、細かな米粉ができるため、パン用に適している
夢あおば（麺用）	約20%	アミロース含有量が比較的多く、ラーメンなどの麺用に適している
ホシアオバ（麺用）	約20%	アミロース含有量が比較的多く、ラーメンなどの麺用に適している
ミズホチカラ（麺用）	約24%	アミロース含有量が比較的多く、ラーメンなどの麺用に適している
モミロマン（麺用）	約25%	アミロース含有量が比較的多く、パスタなどコシの強い麺用に適している
ふくのこ（麺用）	約27%	アミロース含有量が多く、パスタなどコシの強い麺用に適している
北瑞穂(きたみずほ)（麺用）	約30%	アミロース含有量が多く、パスタなどコシの強い麺用に適している
あみちゃんまい（麺用）	約30%	アミロース含有量が多く、パスタなどコシの強い麺用に適している
越のかおり（麺用）	約33%	アミロース含有量が多く、パスタなどコシの強い麺用に適している

出典：農林水産省ホームページ（平成29年12月）「米粉の用途に応じた主な米粉用米品種の特性」を加工して作成

用語解説

腰折れ：ケービング（caving）とも言い、焼成後にパンの側面が内側に凹んで折れること。

50 小麦粉を使った冷凍食品と電子レンジ

上手な解凍の仕方は？

冷凍食品は、種類が豊富で、メニューの品数を増やしたり、彩を付けたり、お弁当のおかずにしたりと、便利なものです。また、自分で食材を冷凍することで、旬の美味しさをいつでも食べられたり、冷蔵庫の余りものを活用したり、調理時間を短縮したり、栄養バランスを取ったりすることができます。

そんな冷凍食品の解凍と調理に欠かせないのが電子レンジです。電子レンジはマイクロ波で食品の水分子を振動させて自己発熱で加熱する誘電加熱であり、外部の熱源を食品内部に伝えて加熱する熱伝導加熱とは異なります。食パンを電子レンジで加熱しても、表面に焼き色が付きにくいのはこのためです。

食品毎にマイクロ波による加熱のされやすさは異なり、誘電損失係数の違いで表され、水は氷よりも1000倍以上大きな値で、水分子が振動して発熱しますが、氷は結晶構造なのでマイクロ波が透過してしまい加熱されにくい性質を持っています。また、マイクロ波は食品の縁や尖ったところなど形状によって加熱しやすい場所ができますが、加熱むらがなるべく起きないように工夫した商品開発が行われています。

中華まんじゅうや回転焼など小麦粉主体のでんぷん系食品を加熱すると、過加熱で乾燥して硬くなってしまうことがあります。これらの食品は気泡のある多孔質構造を持っており、食品内部で加熱された水分が水蒸気となって表面から蒸発しやすいためです。乾燥を防ぐには、ラップをして適切な加熱時間を守ることや、冷凍中華まんじゅうのように水に潜らせてから電子レンジ加熱するなどの方法があります。逆に、せんべい、パン粉、ポテトチップスなどを乾燥させたい時は、ラップをかけずに数十秒から数分間、様子を見ながら電子レンジ加熱すると乾燥させることができ、冷めるとパリッとした食感になります。マイクロ波の性質を理解すると、柔らかくするのもパリッとさせるのも、お好み次第です。

要点BOX

●中華まんじゅうや回転焼など小麦粉主体のでんぷん系食品を電子レンジで加熱すると、過加熱で乾燥して硬くなってしまうことがある

電子レンジでの加熱されやすさ

誘電子損失係数（εr·tanδ）の凡その値

空気 0、水 5～15、氷 0.001～0.005

水は氷の1000倍くらい加熱されやすい

マイクロ波は内部から加熱するので乾燥しやすい

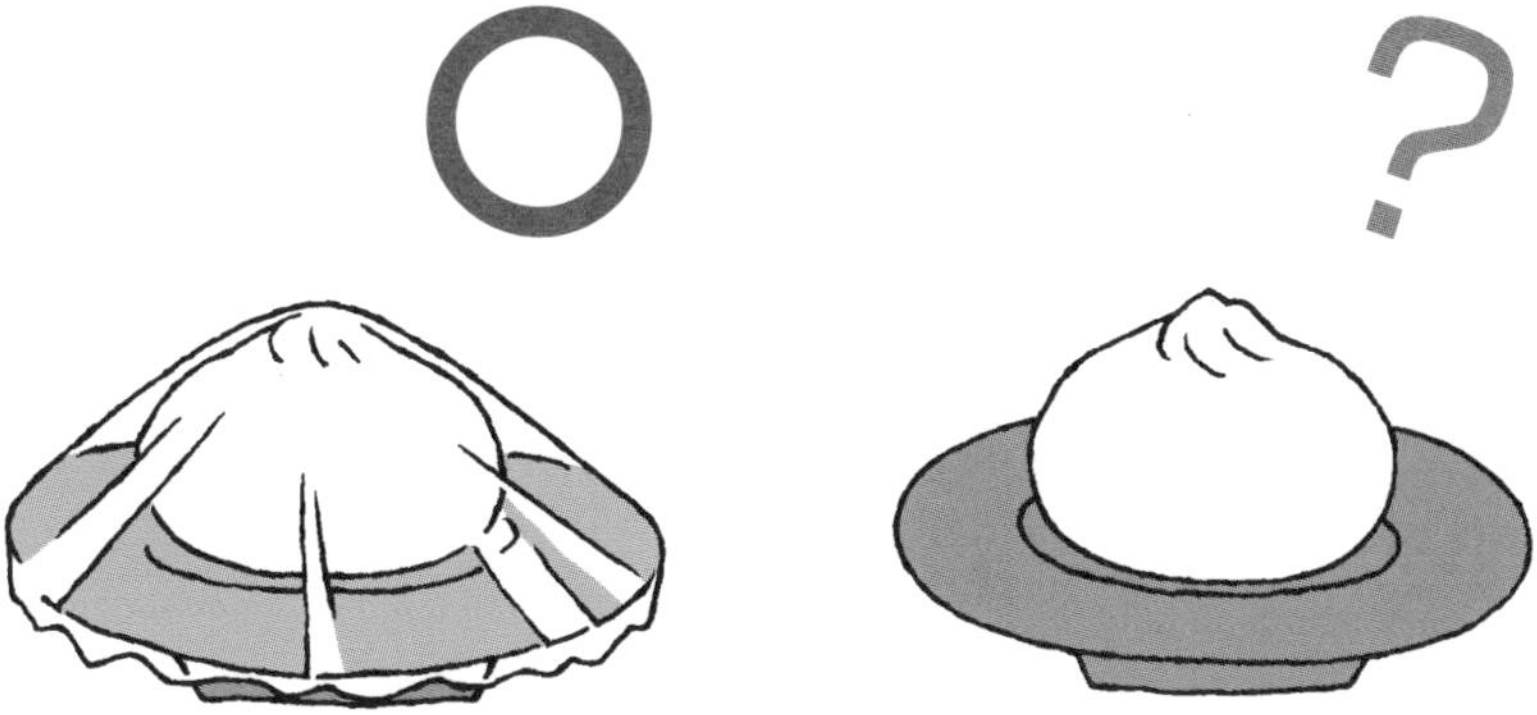

乾燥を防いでしっとりした方が良いもの

パリッとサクサクにした方が良いもの

お好みに合わせてラップを選びましょう

51 芸術的創造性を支える小麦粉

パンの花、パン粘土

小麦粉が原料の粘土で作るパンの花をご覧になったことがあるでしょうか。初めて見ると、ドライフラワーやリボンフラワーにない重厚さと美しさに圧倒されて心揺さぶられます。小麦粘土やパン粘土と呼ばれるもので作られていて、ジュンコ・フローラ・スクールの創始者であるジュンコ人見先生が、1960年代にラテンアメリカでインディオの人々が残り物のパンを捏ねて作る「おもちゃの花」からインスピレーションを得て、小麦粘土で作る「彫刻的な花」を生み出したことに始まります。

最初は本物のパンから作っていましたが、粘土を作るのに手間が掛り、発色や乾燥後の安定性も良くなかったそうです。安定的にきれいな作品に仕上げるため、ニップン（当時の日本製粉）と共同で素材の研究と改良を行って、日本国産の小麦粉を原料にした、塑性粘土である「パンド」ができあがりました。接着剤や絵の具などが入っているので食べられませんが、「パンからできた花」「クレイ（粘土）の花」として、粘土を作る手間を省いて、繊細な花などの制作を楽しむことができるようになりました。

現在では、小麦粉にでんぷんや酢酸ビニールなどの成分を配合してさらに伸びの良さや折れにくさが改善して繊細な形への加工が容易となり、黄ばみにくく、より良質な工芸用粘土になっています。

2日から3日の自然乾燥で硬くなった後に、かびや虫食いの発生が抑えられ、折れにくく、ひび割れなども少なく、独特の美しいツヤと緻密なキメがあり、長く形状を保つことができるようになり、色を練り込んでも乾燥の彩色でも、美しく発色する工夫もされています。

小麦粘土と手のひらと指と簡単な道具で、花・アクセサリー・小物・立体画など幅広い創作活動ができますし、蓄積されてきた技術を学ぶと表現力と創造性に幅が生まれます。

要点BOX

● 1960年代にジュンコ・フローラ・スクールの創始者であるジュンコ人見先生が、小麦粘土で作る「彫刻的な花」を生み出した

小麦粘土で作られた「パンの花」

出典:写真提供ジュンコ・フローラ・スクール

手のひらで１枚１枚の花びらを作って花になります

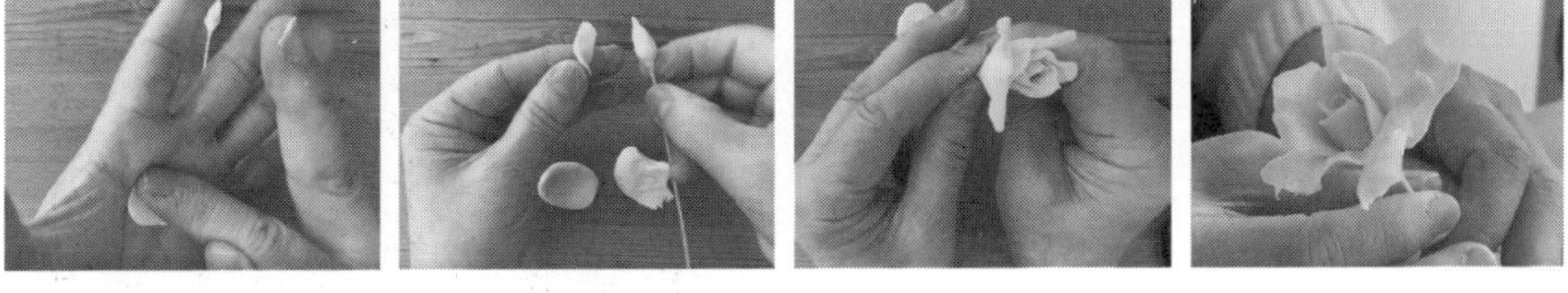

Column

グリアジンとは

グルテンタンパク質は、タンパク質が単独(モノマー)で存在するグリアジンと、タンパク質が重合(ポリマー)で存在するグルテニンに大別されます。グリアジンはアルブミンやグロブリンよりも疎水性が高く70%エタノールで抽出されます。また、グリアジンを、乳酸緩衝液を使った酸性電気泳動で分離すると、移動度が大きな方から、α/β、γ、ωグリアジンに分けることができます。グリアジンの大きさ(分子量)は、α/β、γが3万~4万5000(30kDa~45kDa)、ωが4万6000~7万4000(46kDa~74kDa)で、ωグリアジンは他よりも大きなグリアジンです。

アミノ酸配列パターンも異なり、α/βグリアジンはC末端側に分子内ジスルフィド結合を作る6個のシスティン残基(Cys)を持っていて球状を、γグリアジンは8個システィン残基(Cys)を持っていて筒状をしています。一方、ωグリアジンはシスティン残基が少なく、βターンによりα/β、γグリアジンの持っているαヘリックスやβシートといった規則的な立体構造がなく、筒状の構造をしています。

水に対する親水性は、ωグリアジンが高く、次にα/βで、γグリアジンは低くなります。親水性が高いωグリアジンが小麦アレルギーの主な原因となりますが、ωグリアジンにはω1、ω2、ω5のサブグループがあり、その中でもω5のサブグループが最もアレルギー血清に反応性が高いとされています。ω5グリアジンを抑えてアレルギーを減らす研究も行われています。

グリアジンも貯蔵タンパク質なので、例え同じパン用の小麦品種であっても、大きな違いが見られます。

グリアジンの電気泳動パタン

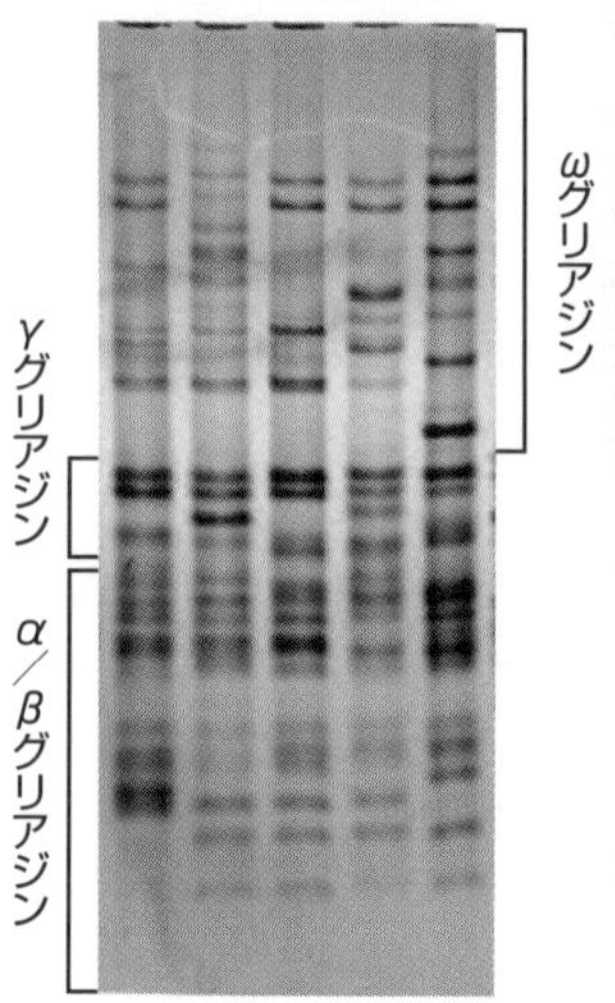

アメリカの強力春小麦品種の酸性電気泳動パタン
同じ銘柄の品種でもグリアジンに大きな違いがあることがわかる

第6章

イタリアのパスタ・ピザと小麦粉の関係

52 イタリアと言えばパスタ、ピザ

イタリアのパスタは世界的ブランド

　イタリアの小麦生産量は約730万トンで、日本の約7倍の生産量があります。

　イタリアの北部は雨量が多く、灌漑も発達しているためポー川流域に広がる平野では水稲、軟質小麦、酪農が盛んで、西欧型に近い農業です。一方、南部は年間を通して比較的高温で特に夏季に降雨が少ないことから、硬質小麦、オリーブ、柑橘等の地中海型農業が盛んです。

　イタリアの小麦は、軟質小麦の約7割が北部で栽培されていますが、デュラム小麦の約7割が南部で栽培されています。

　また、NPO国際パスタ機構によると、イタリアのデュラム小麦の生産量は約400万トンもありますが、カナダ、アメリカ、ギリシャ、メキシコ、フランス、トルコなどから220万トンを輸入する世界第3位のデュラム小麦輸入国でもあります。

　一人当りのパスタ消費量は、イタリアは24キログラムで、2位チエニジアの17キログラム、3位ベネゼイラの15キログラムを抑え断然トップですが、総消費量は150万トンとイタリアで生産されるデュラム小麦だけでも賄える量です。

　イタリアがデュラム小麦を輸入する理由は、イタリア産パスタは世界的なブランドであり、イタリアのパスタの生産量は340万トンで消費量の150万トンを差し引いた190万トンのパスタを、ドイツ、フランスなどのEU圏やアメリカ、日本、ロシアに輸出しているからです。カナダやアメリカの小麦生産者は、イタリアから輸入して食べているパスタは自分たちのデュラム小麦だという自慢と責任を持って栽培しています。

　イタリア産であっても元をただせば、イタリアのデュラム小麦ではないこともあるということです。ちなみに、アメリカのパスタの総消費量は270万トンで世界1位ですが、パスタ生産量は2位の200万トンで、パスタの輸入国でもあります。

要点BOX
- ●イタリアの小麦生産量は約730万トン
- ●イタリアがデュラム小麦を輸入するのは、ブランドであるイタリア産パスタを輸出するため

イタリアの小麦生産と消費量

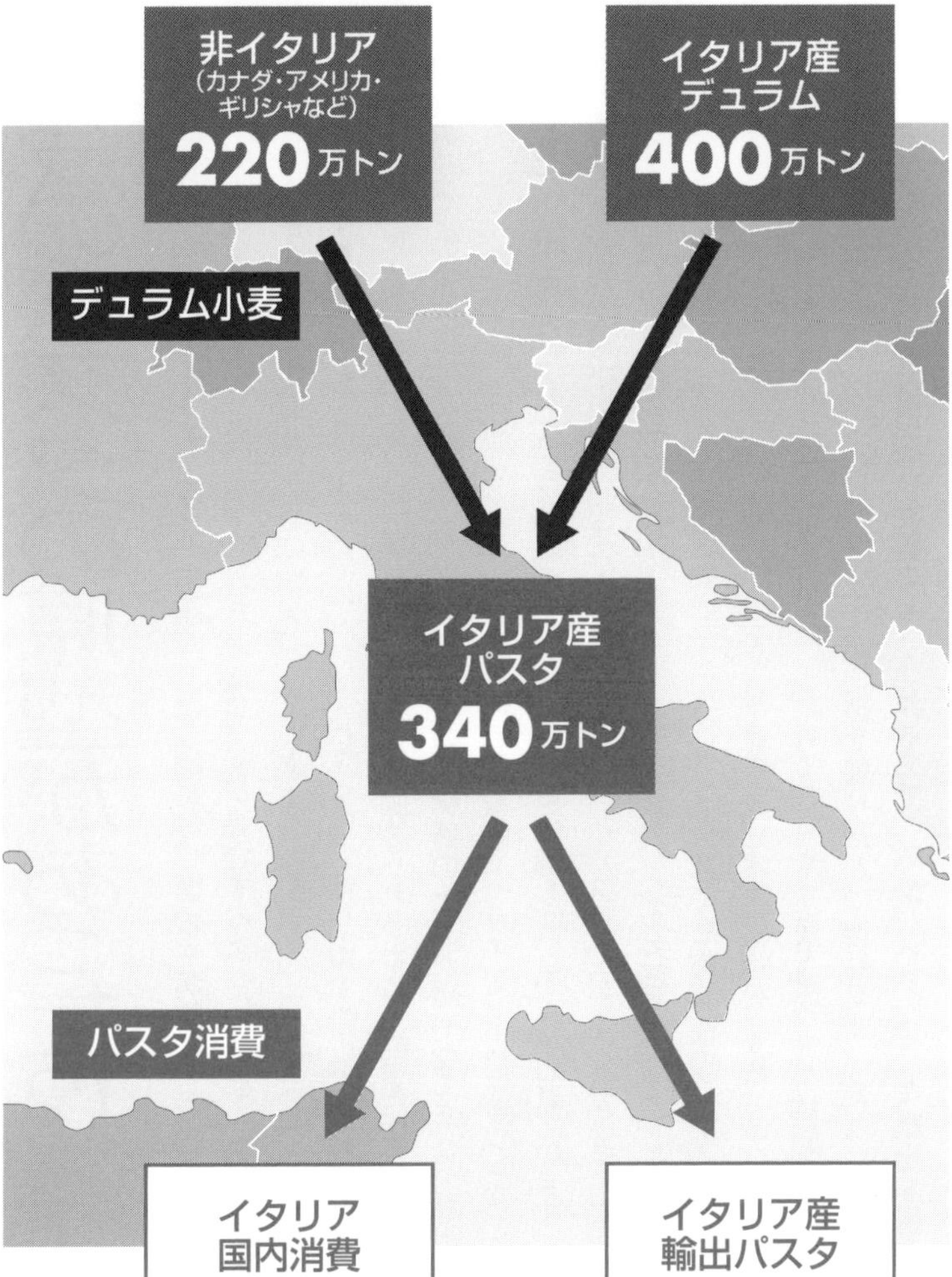

53 イタリアでは13世紀には今のパスタの原型があった!?

パスタの起源

パスタ製品の起源は、13世紀（1271年）、中国から戻ったマルコ・ポーロによってイタリアに伝えられたという説やギリシャ人がナポリを創設したときに始まったという説など様々ですが、13世紀にはイタリアでは、パスタを生のままスープに入れたり、茹でてソースと和えたり、現在のパスタの食べ方の基本ができあがったようです。

パスタという言葉は、小麦で練ったという意味のインパスターレから派生したと言われています。日本では、パスタは、明治28年にイタリアから帰国した日本人の調理人によって伝えられたスパゲッティ・マカロニ類の総称となっています。

日本で、パスタが広く食べられるようになったのは、第二次世界大戦後のことです。

昭和29年、イタリア製のマカロニ製造機械を輸入して、「オーマイ」のブランド名で日本初のマカロニの販売が始まりました。茹で方や食べ方を説明することから始まり、学校や病院などの給食メニューにマカロニサラダが登場するようになって、日本の食卓に定着してゆきました。

パスタは、押し出す際に、でんぷんが硬く緻密な構造に固められるため、酵素による分解が遅く、食後の血糖値の上昇が緩やかであり、糖の供給に持続性もあるので、ダイエットやマラソンなどスポーツ競技前の食事に適していると言われています。

さて、生パスタも日本の食生活に馴染んできましたが、乾燥パスタとは何が違うかご存知でしょうか？生パスタといっても乾燥前のパスタを指す言葉ではありません。通常乾燥パスタは、デュラムセモリナと水だけで作りますが、生パスタは卵や食塩や好きな食材を練り込んで作ります。ただし、生パスタは手で作るので、乾燥パスタのような緻密な構造にはなりませんし、茹で戻す時に、中心部の芯の部分が微かに硬く残っていて生まれるアルデンテにはなりません。

要点BOX

●諸説あるが、13世紀にはパスタは生まれていた
●パスタという言葉は、小麦で練ったという意味のインパスターレから派生したと言われている

パスタ表面の電子顕微鏡

ロール圧延：隙間が見える構造

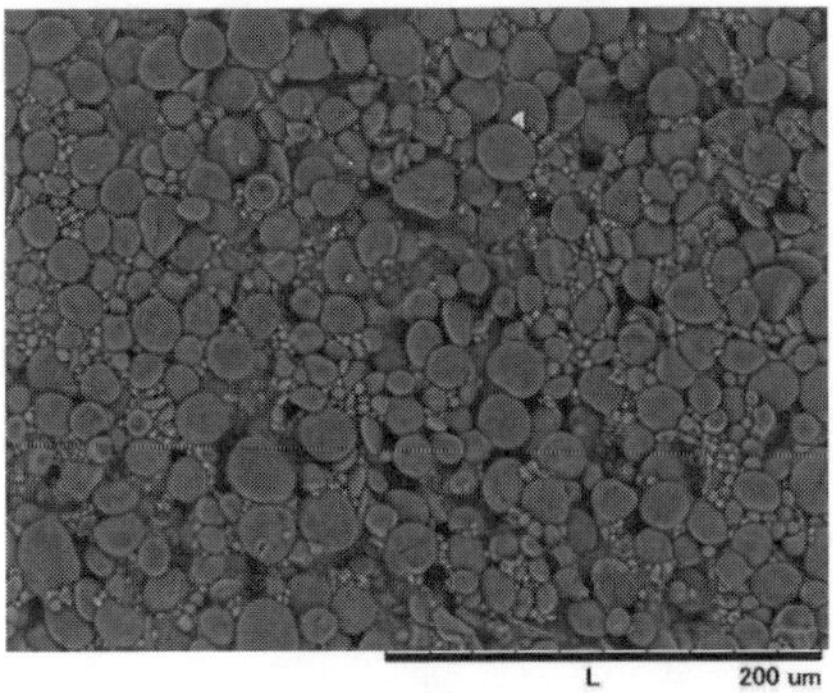

押し出し：隙間がない緻密な構造

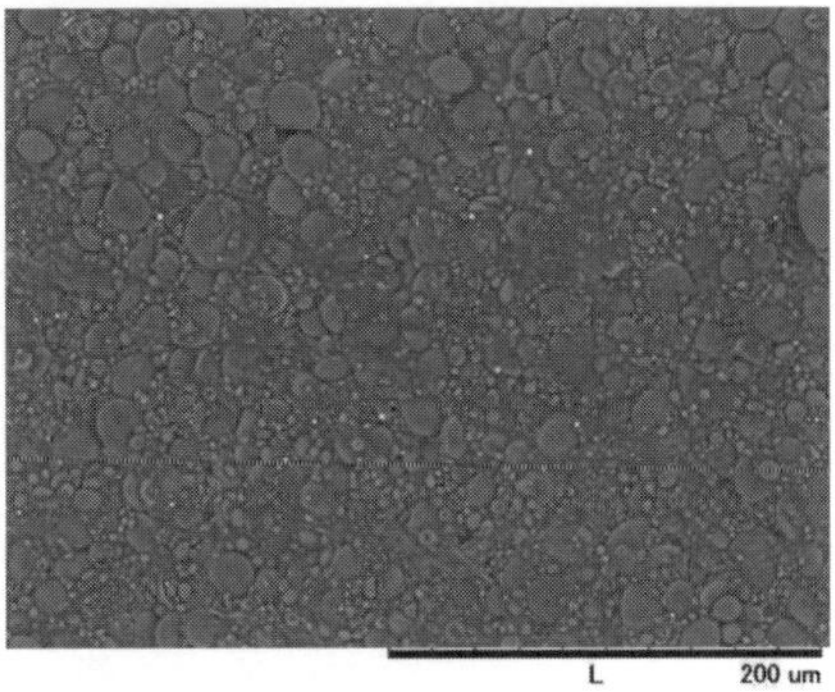

アルデンテに茹でたスパゲッティ断面の電子顕微鏡

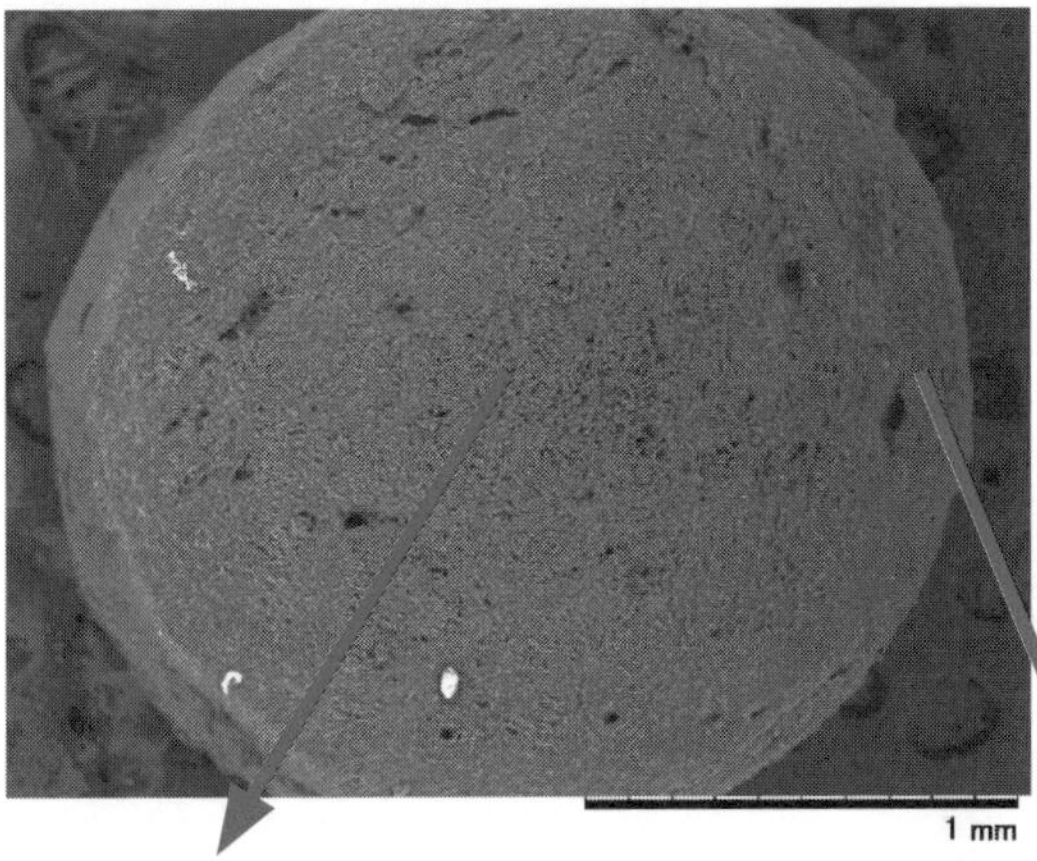

アルデンテ：
芯はでんぷんの形状が残る

周辺部はでんぷんの
形状が崩れている

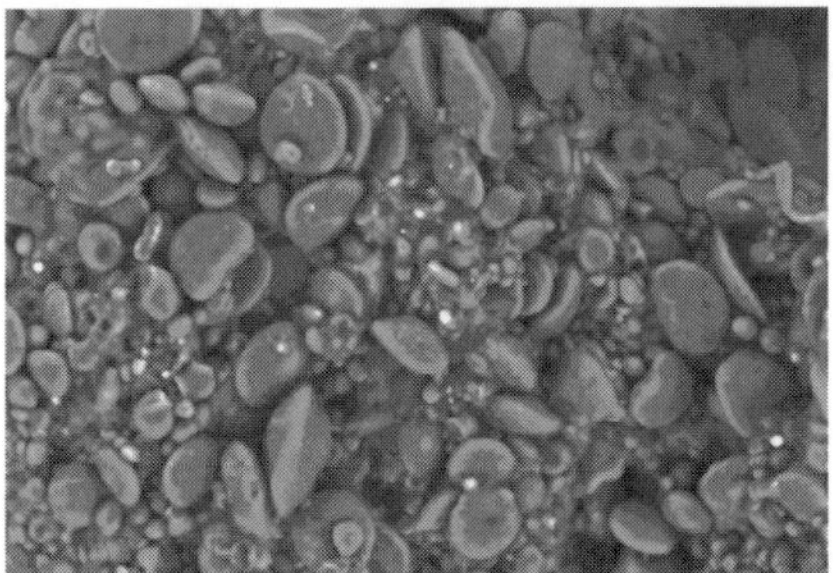

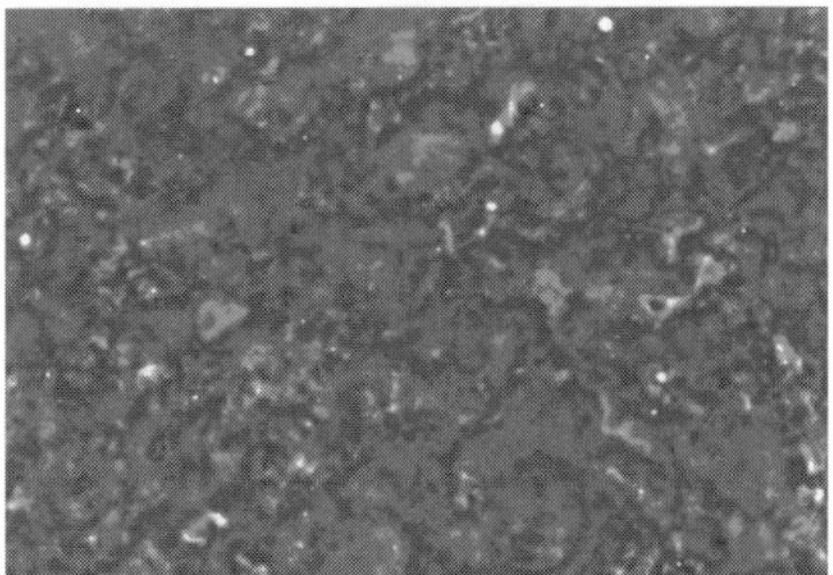

54 欧米で多く食べられる多彩なショートパスタ

パスタの種類

パスタは、スパゲッティ・マカロニ類の総称です。

日本の食品表示基準ではマカロニ類は、「デュラム小麦のセモリナ若しくは普通小麦粉または強力小麦等のファリナ若しくは普通小麦粉に水を加え、これに卵、野菜等を加えまたは加えないで練り合わせ、マカロニ類成形機から高圧で押し出した後、切断し、及び熟成乾燥したものをいう」と定義されています。一般には、デュラムセモリナや小麦粉と水、若しくは卵、野菜、グルテンなどの原材料を加えて、練り、押出したり、圧延したりして形を作ったものを、乾燥して乾パスタや、乾燥せずに作った麺類をパスタと呼んでいるようです。

形状からは、線状のスパゲッティやリングイネといったロングパスタ、マカロニやペンネやフジリやエルボなど多彩なショートパスタ、ラザニアやフェットチーネなどの平麺、それにニョッキのような団子状のパスタに分けられます。なかでもショートパスタが多彩なのは、欧米ではショートパスタが多く食べられてきたのと、特徴のある新製品を比較的作りやすかったためだと思われます。

押出し機から高圧で押し出されるパスタの生地は、金型（ダイス）の複雑な穴の出口付近でくっ付き合って、一つながりで出てきます。これをダイスの下にある回転する刃（ブレード）で切断して目的の形状のパスタを作ることができます。このダイスを変えることで、線状・円筒状・シェル状など様々な形状のパスタを作りだすことができるのです。その数は数百種類以上にも上るといわれています。ロングパスタも同様で、ダイスの形状を円だけではなく楕円や複雑な形状に変えることで、茹で時間を短くしたり食感を変えたりすることができます。また、ダイスの材質を変えてもパスタの品質に違いが生まれ、ブロンズ（真鍮）では表面に細かな凹凸があるざらついたパスタになり、テフロンなどの合成樹脂では表面が滑らかになります。

要点BOX

- パスタは、スパゲッティ・マカロニ類の総称
- パスタは、調理時間、ソースとの絡み具合、食感などを考慮していろいろなタイプが作られる

パスタの形とダイス(金型)

いろいろな形のダイス(出口側)

ダイスとパスタ(ペンネ)

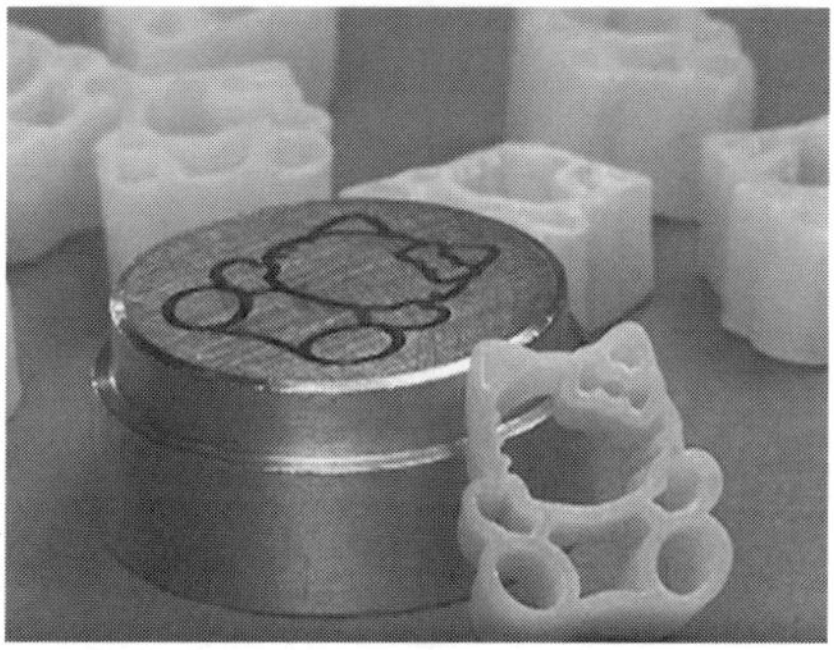

ダイスとパスタ(キャラクタータイプ)

ダイスとパスタ(カラフルマカロニ)

出典:株式会社ニップン

パスタ(マカロニ類)の表示

食品表示基準　別表第四(第三条関係)から抜粋
「マカロニ類」と表示する。ただし、マカロニ類のうち、2.5ミリメートル以上の太さの管状又はその他の形状(棒状又は帯状のものを除く。)に成形したものにあっては「マカロニ」と、1.2ミリメートル以上の太さの棒状又は2.5ミリメートル未満の太さの管状に成形したものにあっては「スパゲッティ」と、1.2ミリメートル未満の太さの棒状に成形したものにあっては「バーミセリー」と、帯状に成形したものにあっては「ヌードル」と表示することができる。

55 スパゲッティの品質を左右するデュラム小麦

デュラムセモリナの謎

スパゲッティはデュラム小麦を粗く挽いたセモリナと水だけで作られることが多いので、セモリナの品質がスパゲッティの品質に直接反映します。セモリナは、他の小麦粉と同じように、遺伝的形質、栽培方法、天候によるデュラム小麦自体の性質と、製粉方法や粒度によって品質が決まります。

このデュラム小麦は、普通小麦と遺伝的に大きな違いがあります。普通小麦のゲノム（生命体の遺伝情報）が7本の染色体が6セットAABBDDで構成されるのに対し、デュラム小麦のゲノムはAABBでDゲノムを持っていません。そのため、デュラム小麦には、Dゲノムに載っている小麦粒の軟らかさを決める要因の一つであるでんぷん表面のタンパク質ピュロインドリン（PIN）の遺伝子がありません。その結果、胚乳のでんぷん同士が硬く結びついて硬い小麦粒になっているので、衝撃を与えてもばらばらにならずに胚乳部は大きな塊になり、粗い小麦粉であるセモリナになります。

デュラム小麦のセモリナは粗いので、同じ重量の小麦粉に比べて相対的な表面積が小さく、水を加えた時に吸収する時間が長く掛かります。ミキシング時に真空ポンプで空気を減らす（減圧）ことで、セモリナ粒子表面への水の付着を促進させる役割があります。減圧下でミキシングしてグルテンタンパク質とでんぷん粒子のマトリックスが発達した生地となり、その生地がスクリュー式のコンベアで押されることで高圧になり、高密度な生地がダイス（金型）から押し出されます。押し出された生地は自然圧に戻り、引続き高温で乾燥されます。

ロール式製麺法で作る生パスタでは通常は減圧を行いませんので、生地を良くミキシングすることでしっかりとしたパスタになります。デュラムセモリナが黄色いのは、カロテノイド系の黄色色素を多く含むデュラム小麦の品種を育成しているためで、特に必須の要因ではありません。

要点BOX

- デュラム小麦は、普通小麦と遺伝的に大きな違いがある
- 胚乳のでんぷん同士が硬く結びついて硬い

デュラム小麦と普通小麦の粉砕物

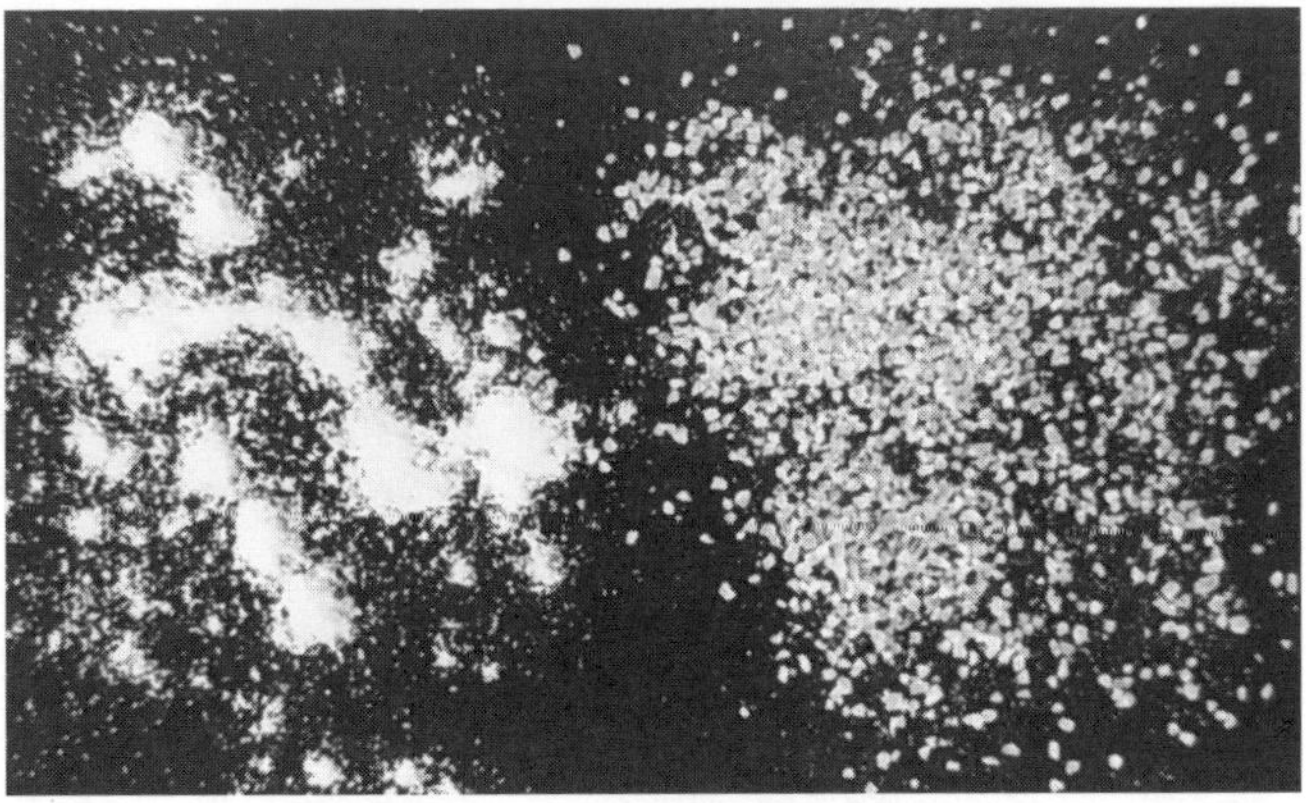

普通小麦の粉は細かく白い　　　デュラム小麦のセモリナは粗く黄色い

デュラム小麦の粒が硬い理由

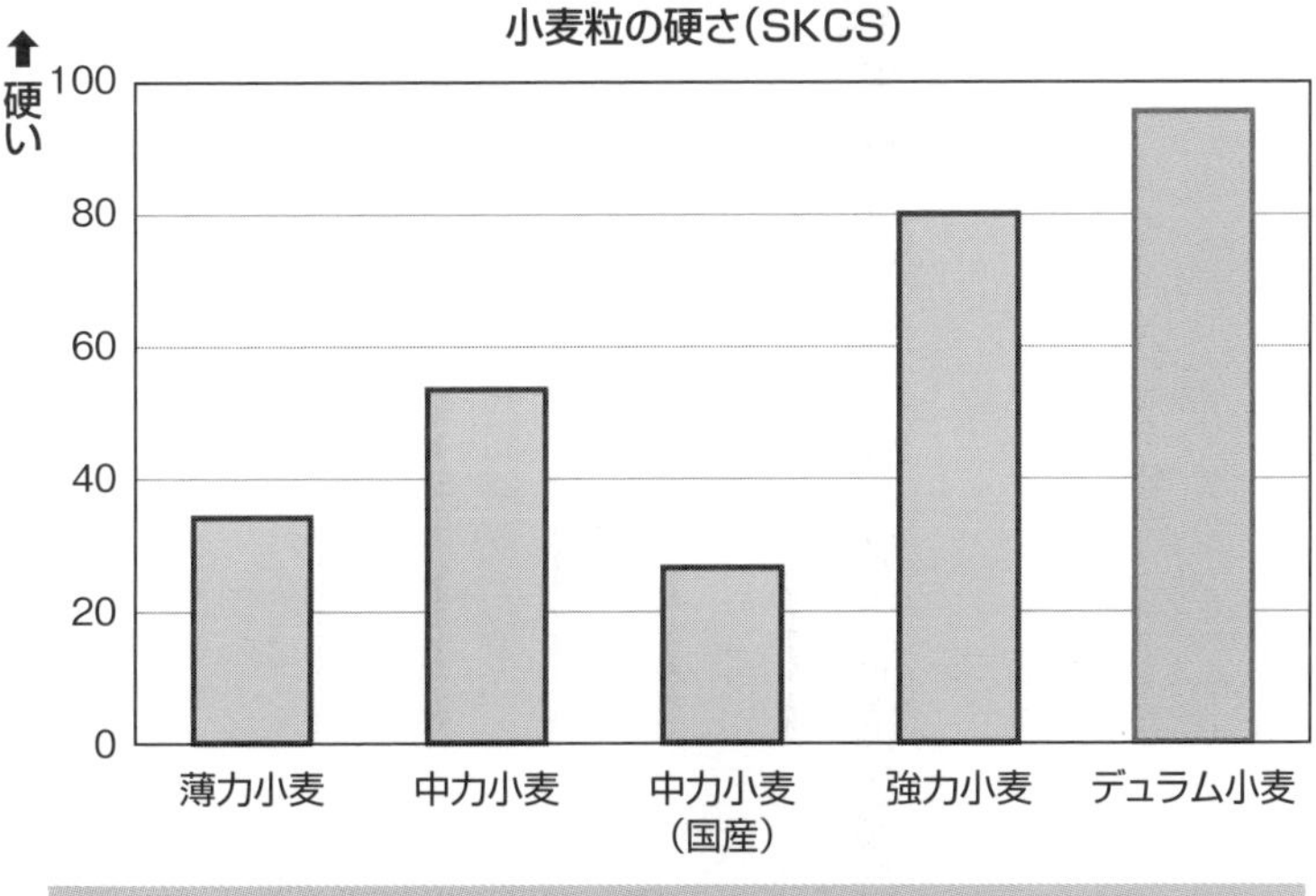

◇Dゲノムにコードされている小麦粒の軟らかさに関するでんぷん粒表面のピュロインドリン(PIN-aとPIN-b)は、A･Bゲノムしかないデュラム小麦にはない
◇Pina-D1a／Pinb-D1a遺伝子の欠失
→PIN-aもPIN-bもなくデュラムの粒は硬い

56 デュラム小麦は日本では育たないのか？

純国産パスタの誕生

日本のデュラム小麦の需要は約20～25万トンですが、2016年までは国内では品種登録申請されたデュラム小麦品種はなく、すべてを輸入に頼らざるを得ない状況でした。それは、日本の風土で栽培できるデュラム小麦品種がなかったからです。「デュラム小麦は日本では栽培できない」という思い込みもありました。アジアモンスーン気候の日本には、冬の乾季と梅雨の雨季があり、梅雨の雨に曝されると小麦は穂についたまま種子が発芽してしまう「穂発芽」という現象を起こし、製粉できなくなってしまいます。デュラム小麦は種皮が白く、褐色の種皮よりも穂発芽を起こし易い性質があります。パスタには高タンパク質含量のセモリナが好まれますので、タンパク質含量を上げるために追肥をすると、生育が遅くなり収穫前に梅雨に入ってしまいます。秋に撒いて半年かけて栽培するのに、梅雨に収穫するようなデュラム品種を栽培するのは危険が高すぎたのです。

一方で、消費者からは国内産のデュラム小麦を使用したパスタを希望する根強い声がありました。それに挑戦して、農研機構が日本製粉株式会社（現・株式会社ニップン）との共同研究を経て、日本で初めて育成した早生のデュラム小麦品種が「セトデュール」です。「セトデュール」で製造したパスタは、普通小麦で作ったパスタに比べて、黄色味が強く、歯切れが良く、デュラム小麦特有の優れた特長があるのは食べ比べると違いは明瞭です。ただ、カナダ産デュラムで製造したパスタのレベルにはまだとどいておらず、栽培面でもまだ改善の余地のある品種です。この状況は、日本のパン用小麦品種が発表された30年以上前の状況に似ており、「ハルユタカ」はカナダ産パン用小麦に及びませんでしたが、今や「春よ恋」「ゆめちから」など優れた国内産パン用小麦が栽培されています。「デュラム小麦」も改良を重ね、内麦の中で、確固たる地位を築いて行くことが期待されます。

要点BOX
- 日本で初めて育成した早生のデュラム小麦品種が「セトデュール」
- カナダ産デュラムのパスタにはまだとどかない

国内産スパゲッティ：デュラム小麦と普通小麦

セトデュール（デュラム小麦）

ミナミノカオリ（普通小麦）

パスタ用小麦国産化を伝える新聞記事

パスタ用小麦国産化

日本製粉・農研機構、6月に収穫

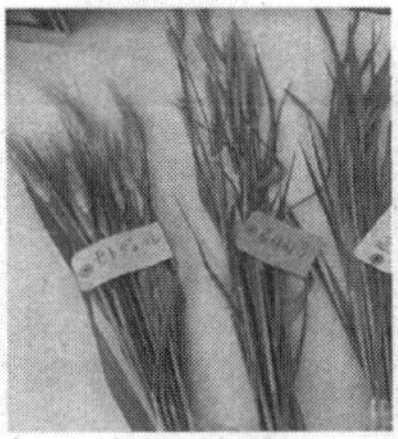

国産ブドウ100%の日本ワインとともに国産パスタを味わう—。こんな楽しみ方も夢ではなくなる。日本製粉は農研機構西日本農業研究センターと共同で、パスタ用デュラム小麦の新品種「セトデュール＝写真左」を育成した。兵庫県内の麦畑約8万平方㍍で試験栽培しており、6月に収穫し、秋めどに同小麦の試作パスタを発売する。2017年から本格発売につなげる計画だ。

パスタ用のデュラム小麦は一般小麦より収穫期が遅いため、日本では梅雨の影響を受ける。このため自給率はゼロで、全量を輸入に頼っているのが実情だ。しかし、最近は食品に対する安全志向の高まりなどから国産需要が増え、日本でも栽培できるデュラム小麦を開発してほしいとの声がパスタ店や消費者から出ていた。

日本製粉と西日本農研が開発したセトデュールは、米国産やイタリア産の小麦を交配して改良を重ね、大粒で種子が硬く、パスタ用のセモリナ粉が多くとれる。パン用などの一般小麦より黄色味が強く、パスタ品質基準である硬さ、弾力性、歯切れのすべてで高評価を獲得した。日本製粉は「農業法人や農業協同組合の協力を得て栽培面積を拡大し、パスタやピザなどで純国産ブランドの創出を図りたい」（大楠秀樹基礎技術研究所長）考えだ。

出典：日刊工業新聞 2016年4月27日

市販された国内産スパゲッティ

Column

古代の石臼 サドル・カーン（鞍形石皿、磨臼）

回転式の石臼は、紀元前数世紀頃に地中海地域で生まれたと言われています。その前にも回転式ではない臼がありました。サドル・カーン(Saddle Quern、磨臼)と呼ばれる大型の石の臼です。

歴史は古く、今から1万年前の紀元前9500〜9000年頃のサドル・カーンが、シリア北部のアブ・フレイラで発掘されています。

植物遺物から、小麦、大麦、レンズ豆などの穀物を地面に置いた本体である大型の石の上にばらまいていたことがわかっています。

石の表面は粗い凸凹があり、小型の石を手で持ってこすり付けることで、穀物を粉々に粉砕することができました。シリアなどの西アジアだけでなくイギリスなど西洋各地、さらには、東洋各地にも分布しており、古代世界で最も広く普及した、最も古い人気の製粉装置と言えそうです。ただ、簡単に製粉ができるものではなかったようです。

古代シリアでは、女性たちが製粉作業を担っていたと考えられていますが、長時間にわたり、ひざまずいて力を込めて穀物を粉砕するので身体的に負担がかかっていました。

その証拠に、アブ・フレイラから出土した人骨には、膝、つま先、背中に過度の負担が掛かることで起きる変形性関節症などの痕跡が残っています。恐らく、一日の作業の終わりには、疲れて体中が痛くなった過酷なものだったと推測されます。そのため、サドル・カーンは、より使いやすくて、身体的な負担も少ない回転式の石臼に徐々に置き換えられて行くことになります。

古代の石臼・サドルカーン

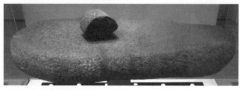

イギリス大英博物館に展示されているサドル・カーン。
紀元前9500〜9000年頃。 シリア北部のアブ・フレイラ(Abu Hureyra)で発掘。
出典:筆者撮影

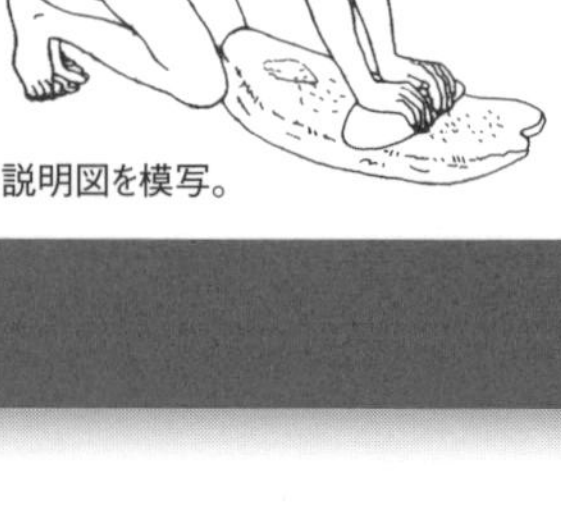

跪いて小型の石で穀物を粉砕していたと考えられています。

出典:大英博物館の展示説明図を模写。

第7章

日本のフランスパンとフランスのフランスパン

57 フランスパンはタンパク質やグルテンの含量が少ない!?

フランスの風土が作るフランスパン

フランスパンは砂糖や油脂などの副材料を原則使いません。

フランスパンは厚さ3〜4ミリメートルの厚めでパリパリとした外皮と、不規則な大きな気泡のクラム構造が特徴です。フランスパンの生地は柔らかく、それを丁寧に加工することにより、フランスパンの目が大きく開き、クラストのひび割れが出てパリパリ感も高くなります。小麦粉の品質よりも、製パン工程の方が倍以上、品質に対する寄与があるという文献もあるようなデリケートなパンです。

フランスパンの元となるフランス小麦をタンパク質含量で分けると、7割が11・5％以下、2割が12・0％以下ですし、グルテンの性質を示すグルテンインデックスは60位と高くありません。これは、日本が使っているカナダの1CWやアメリカのDNSやSHよりも、タンパク質含量が少なく、ずっと柔らかな性質のグルテンであることを示しています。

フランス小麦のでんぷんは通常アミロースタイプでクラムはパリパリ系になりがちですが、日本の国内産小麦はやや低アミロース系が多くもちっとした感じになります。フランス小麦に合ったパンの製法がフランスパンであり、別の言い方をすると、フランスの風土がフランスパンを産んだということになります。

日本のフランスパン用の小麦粉は、フランス小麦を輸入したり、その性質に似た中間質の小麦粉を使ったりしています。ただ、日本で見かけるフランスパンは、クラストがパリパリしていてクラムの気泡が大きなフランスパンと、クラストは少し柔らかくてクラムの気泡も食パンを少し粗くした程度のフランスパンの二つのタイプがあるようです。

前者は柔らかな生地をやさしく扱って作り、後者は日本人が柔らかな食品が好きな嗜好に近づけるため生地に力を加えて気泡を細かく均一に近づけて作っています。

要点BOX
- ●フランスパンは砂糖や油脂などの副材料を原則使わない
- ●フランスパンの元になるのは中間質の小麦

日本のフランスパン

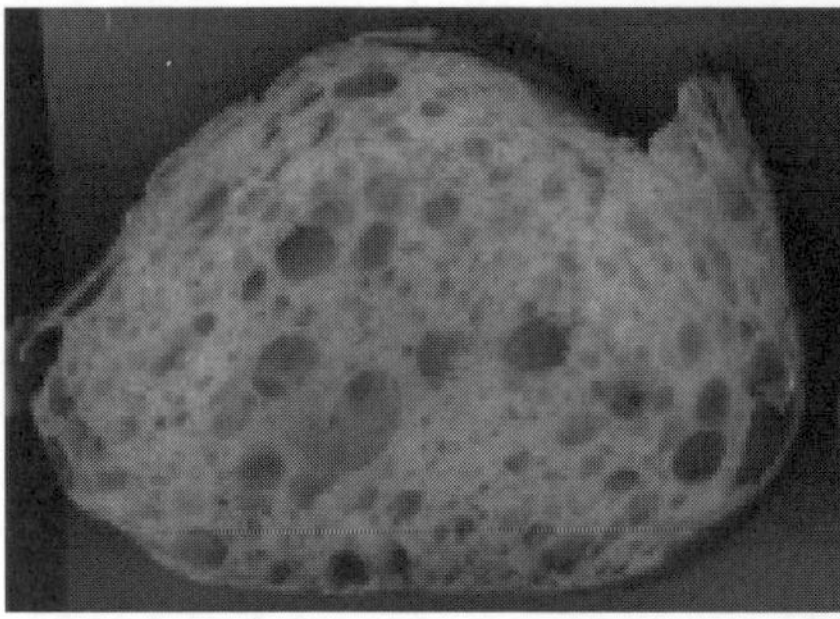

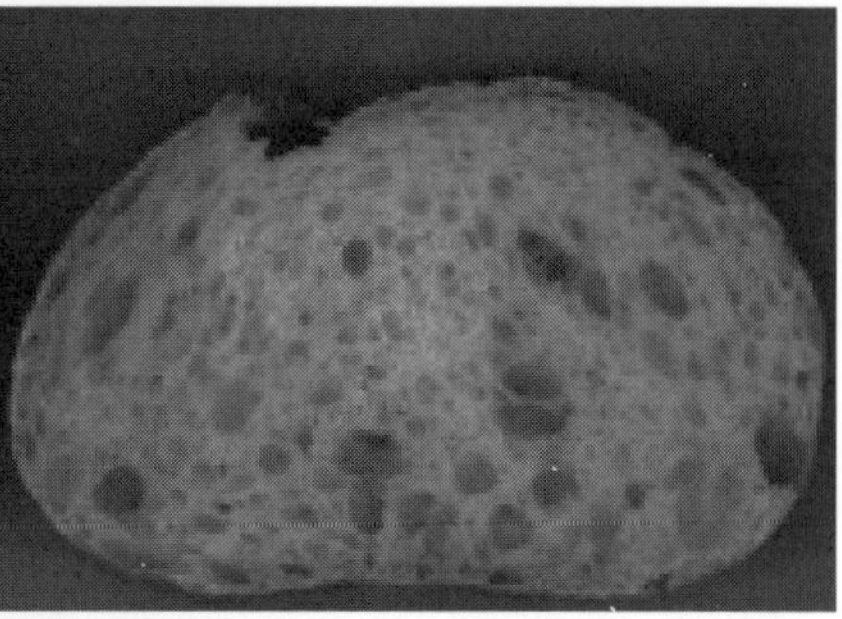

リテール（クラムの気泡膜が薄い）

対面販売のお店のフランスパン。気泡の膜が薄く、パリッとした食感。

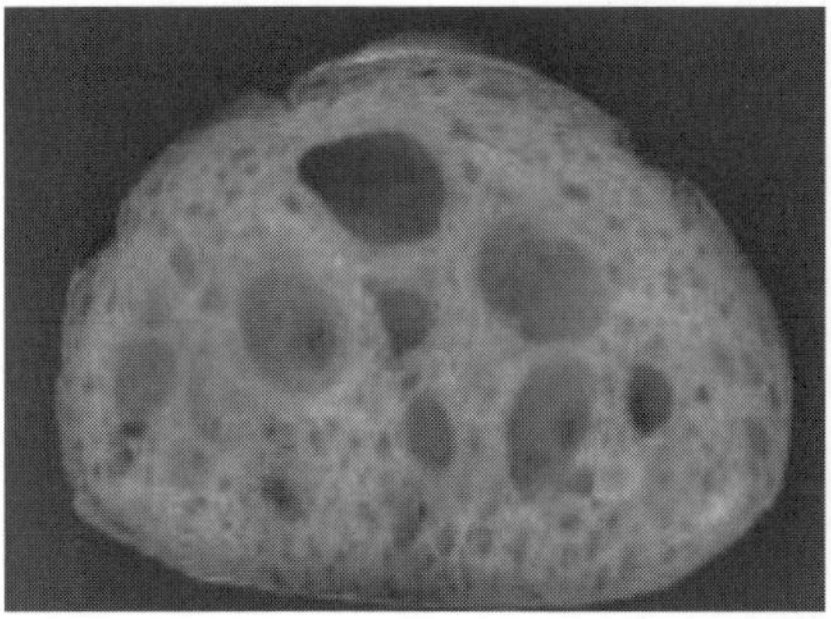

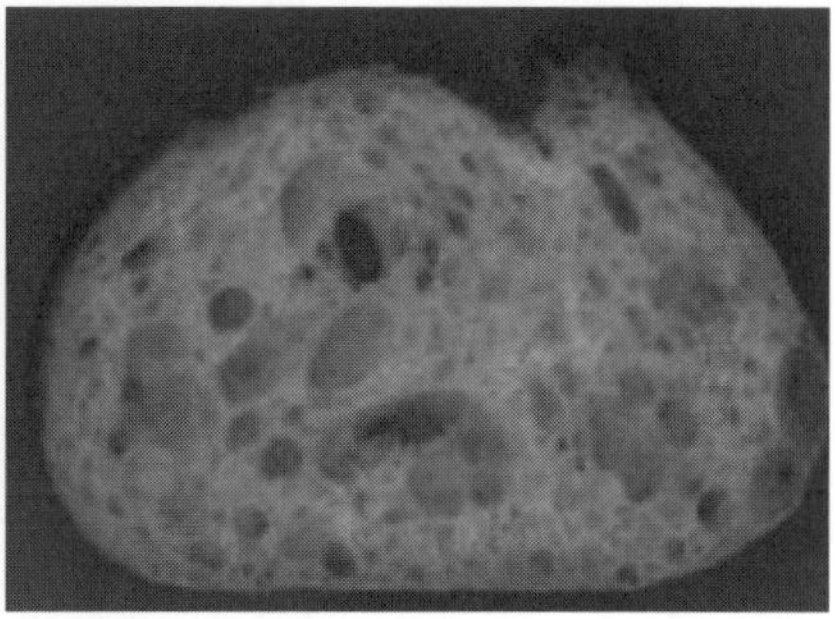

ホールセール（石窯）

大手製パンメーカーの袋に入って売られているフランスパン。
石窯を使って気泡を大きく焼いている。

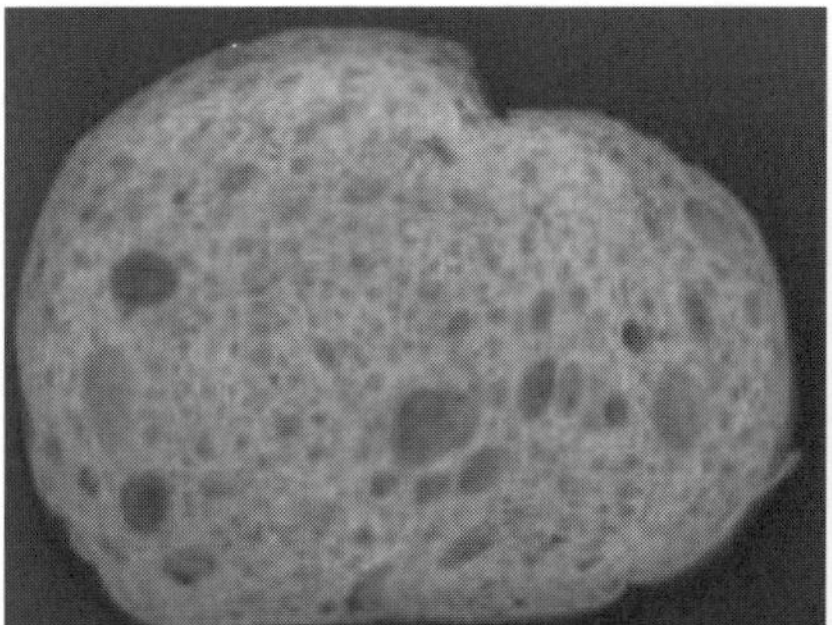

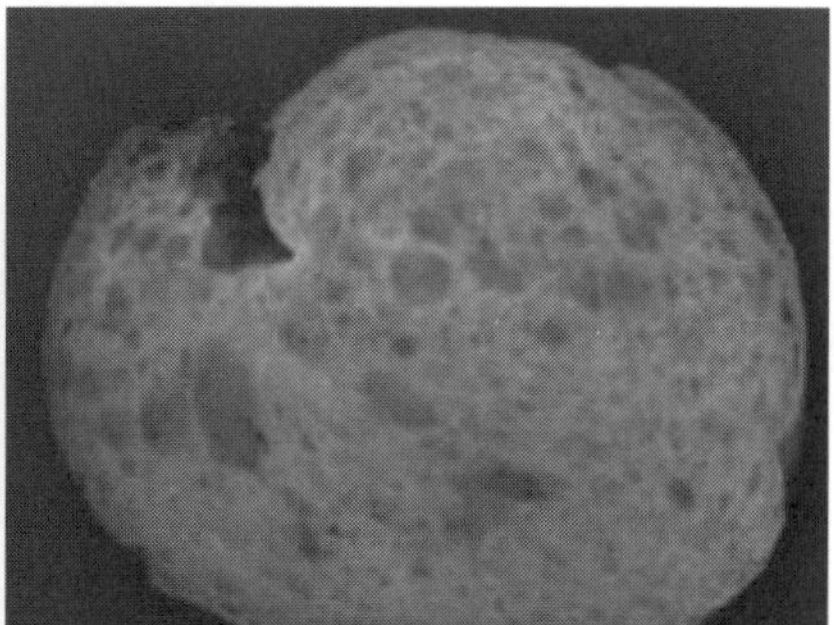

ホールセール（クラムの気泡が詰んでいる）

大手製パンメーカーの袋に入って売られているフランスパン。
食パンよりも気泡はやや大きいが柔らかで食べやすい。

用語解説

クラスト（crust）：パンの外側の硬く焼き色が付いた表皮部分。食パンだと「耳」にあたる部分。

58 熱で膨らんで冷めても萎まないのはなぜ？

スポンジケーキとカステラ

スポンジケーキはショートケーキの台として使われる、小麦粉で作るふっくらふわふわの焼き菓子です。アレンジ次第で色々な種類のケーキになります。

基本の配合は、卵・砂糖・小麦粉で、泡立てた気泡がオーブンの中で熱膨張して膨らみます。ロールケーキ、シフォンケーキ、カステラも同じで、膨張剤を補うこともありますが、基本は何も使わずに、卵の気泡ができ易い性質だけを使って、自分の抱えた気泡で膨らんでいます。

スポンジケーキの気泡は、気体の熱膨張で膨らむ訳ですから、冷めると気体の収縮に伴って、萎んでしまう力が働きます。スポンジケーキが焼成後に冷めても形を維持するのは、泡立てたバッター生地を加熱すると、抱き込んだ空気の気泡が膨張すると同時に温度上昇に伴ってタンパク質の変性、小麦でんぷんの糊化、生地表面の水分の蒸発も起きて、生地が固まるためです。

一方、ホットケーキや蒸しパンは泡立てずに膨張剤だけの力で膨らませます。膨張剤の代表とも言える重曹（炭酸水素ナトリウム）は、熱分解で発生した炭酸ガスで膨らみます。パンやイーストドーナツも酵母が糖を消費して発生した炭酸ガスで膨らみます。化学反応や代謝で発生した炭酸ガスですから、膨張圧は大きく、また、冷めても体積はほとんど変化しません。

また、小麦粉には、グルテンタンパク質が含まれており、小麦粉を水で捏ねて生地中に強固なグルテンの網目構造が形成されると、膨張力が弱い生地だと膨張するのを妨げられてしまいます。

生地は柔らかくて抱き込んだ気泡が逃げない程度の生地であることが必要です。そのため、ケーキ類にはグルテンタンパク質の少ない薄力粉が使われることが一般的です。

要点BOX

●基本の配合は、卵・砂糖・小麦粉。泡立てた気泡がオーブンの中で熱膨張することで膨らむ。ロールケーキ、シフォンケーキ、カステラも同じ原理

小麦粉製品の膨張の原理

	膨化主体	特徴	膨化食品
加熱（物理）	空気の膨張	卵を良く泡立てて生地に空気を抱き込ませて気泡の形成を促す	スポンジケーキ カステラ
	水蒸気の膨張	生地を良く泡立てて気泡の核を作る	シュー皮 （せんべい・米菓）
発酵（代謝）	二酸化炭素の発生	酵母の呼吸活動による二酸化炭素の発生によるため、温度管理が重要。また、二酸化炭素の強い膨張力に応えるグルテンが必要である	パン イーストドーナツ 中華まん
膨張剤（化学）	二酸化炭素の発生	重曹が熱分解することで二酸化炭素が発生する $2NaHCO_3 \rightarrow$ $Na2CO_3+H_2O+CO_2$ 酒石酸などの酸性助剤を加えてガス発生の温度や時間を調製している	ホットケーキ ケーキドーナツ 蒸しパン

注釈1
加熱すると、小麦粉の生地はタンパク質の変性とでんぷんの糊化を起こしながらマトリックス構造を形成し、膨化した形状を維持することができる
注釈2
加熱で空気や水蒸気が膨張した後に、温度が急に下がると膨張していた形状を維持できなくなってしまう

59 ビスケットとクッキーは違うもの？

クッキーのひび割れ

日本でも、アメリカでも、ビスケットとクッキーは同じような意味で使われています。しかし日本では、「ビスケット類の表示に関する公正競争規約及び同施行規則」があり、「ビスケットとは、小麦粉、糖類、食用油脂及び食塩を原料とし、必要によりでんぷん、乳製品、卵製品、膨張剤等の原材料を配合し、または添加したものを混合機、成型機及びビスケットオーブンを使用して製造した食品をいう」と決められています。

また、クッキーに関しても明確な定義があって、「手づくり風の外観を有し、糖分及び脂肪分の合計が重量百分比で40％以上のもので、嗜好に応じ、卵製品、乳製品、ナッツ、乾果、蜂蜜等により製品の特徴付けを行って風味よく焼きあげたもの。その他、全国ビスケット公正取引協議会の承認を得たもの」とされています。

クッキーやビスケットには、軟質小麦の小麦粉が使われます。タンパク質含量とクッキー直径との間には負の相関関係があるので、タンパク質含量が低く、粒度が小さく、吸水が低い小麦粉を使うと、直径が大きく、厚さが薄く、柔らかな食感の好ましいクッキーを作ることができます。副原料や成分も生地物性に影響し、砂糖は生地中の水を吸収して粘性を低下させ、でんぷんの糊化を妨げ、グルテンの形成も遅らせ、クッキー生地を大きく広げます。逆に、損傷でんぷんは水を吸収しやすい性質があり、小麦粉に2～3％程含まれる多糖類ペントザンも非常に高い吸水性を持っていますので、生地から水を奪って硬くして、クッキーの直径を減少させます。そのため、損傷でんぷんが少ない軟質の小麦粉で、ペントザンが少なく灰分の低い小麦粉が望ましいと言えます。

また、アメリカの研究機関では、膨らんで収縮する際に表面にできる細かなひび割れが見られる方が良いと評価しています。

要点BOX

- ●クッキーやビスケットには、軟質小麦の小麦粉が使われる
- ●タンパク質含量とクッキー直径には負の相関関係

ソフトビスケットの評価写真

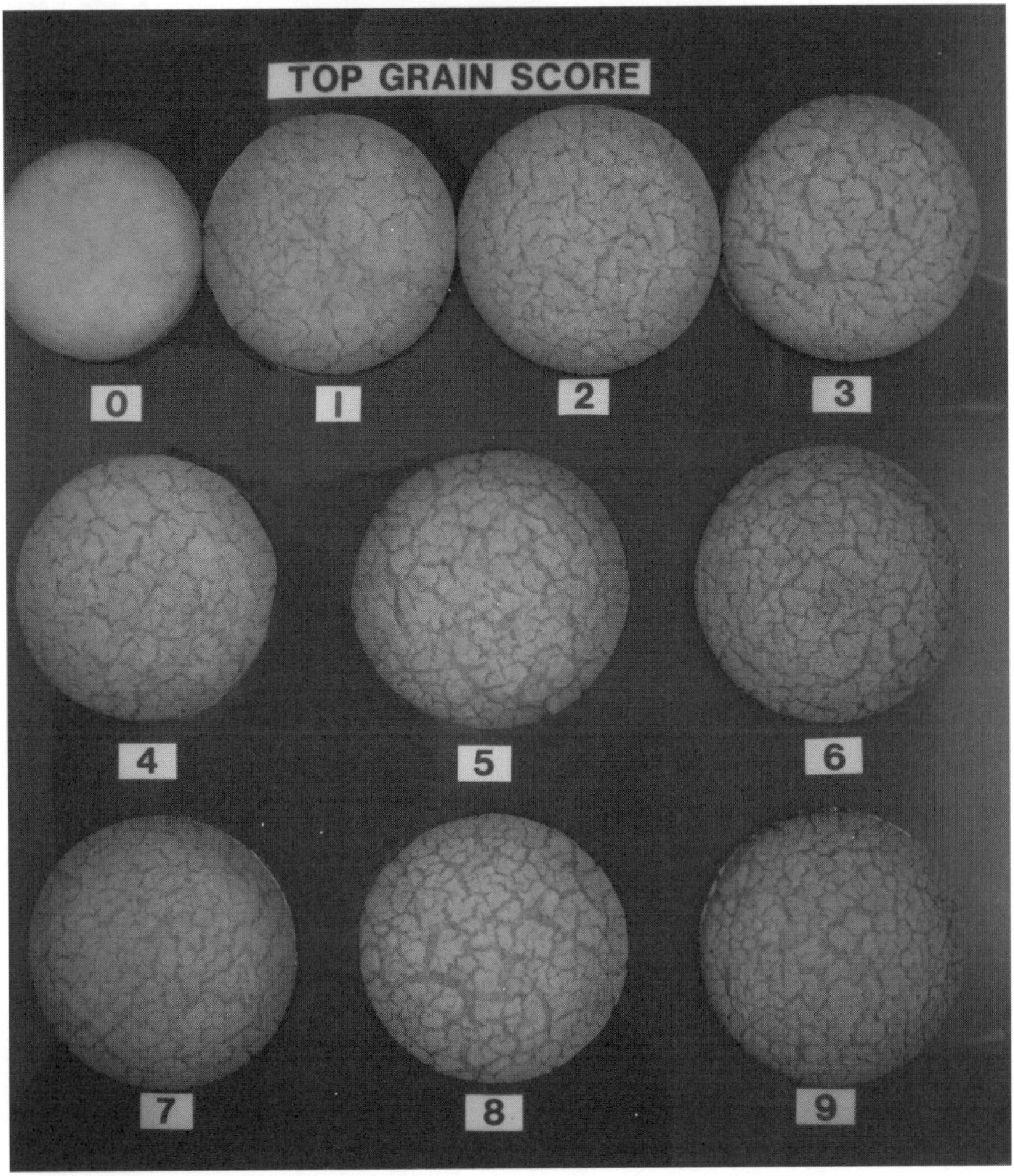

アメリカの研究機関では、表面に細かなひび割れが見られるほうが評価が高い
（数値が大きいものは、細かなひび割れが多い）

60 なぜ、ドイツ人はライ麦パンを食べるのか？

地域の特性に根ざしたパン

フランスでフランスパンか作られるように、地域や国ごとに麦の特徴に根ざしたパンが見られます。

ドイツも、天然のサワー種を使った、酸味があって膨らみの少ない伝統的なライ麦パンが有名です。ドイツは昔から、冷涼な気候のため、小麦の栽培に適さず、低温に強いライ麦（Secale cereal L.）が多く生産されてきました。今でも、ドイツは約330万トン、世界のライ麦生産の4分の1以上を占める、世界最大のライ麦生産国です。

ライ麦は、グルテンに相当する貯蔵タンパク質を持っていますが、ライ麦の粉と水を混ぜても、結合力がある粘弾性のあるグルテンを形成できません。ライ麦の高分子グルテリンの構造と量が、小麦の高分子グルテニンと異なるためです。ライ麦粉で作るパン生地にはグルテンがないので、ベタ付いて作り難く、サワー種の乳酸菌が出す乳酸や酢酸などで、生地を酸性にして扱いやすくします。ただ、ドイツは、小麦を少量しか作っていないのかというと大間違いで、ほとんどが秋播種の冬小麦になりますが、約2150万トンを生産するヨーロッパ屈指の小麦の生産国です。半世紀以上前の1961年の小麦生産量は500万トン程度でライ麦の生産量よりも少し多い程度でしたが、その後小麦の品種開発や施肥体系の改良などにより、10アール当たり収量が300キログラムから800キログラム程度にまで増加し、結果として生産量が5倍以上に増加しました。現在では、ライ麦を使ったパンを食べないといけない話は過去のものとなったと言ってよいでしょう。

また、ライ麦と小麦を交配したライ小麦（Triticale）が1980年代から増加し、ライ麦の生産量に迫っています。ドイツの小麦粉は、灰分によって分かれており、最も一般的な小麦粉のタイプは550ですが、これは灰分をドライベースで0・55％含んでいるということです。

要点BOX

- ドイツは昔、冷涼な気候のため、小麦の栽培に適さず、低温に強いライ麦が生産されていた
- ライ麦と小麦を交配したライ小麦が増加

世界のライ麦生産量(1,322万トン、2021年)

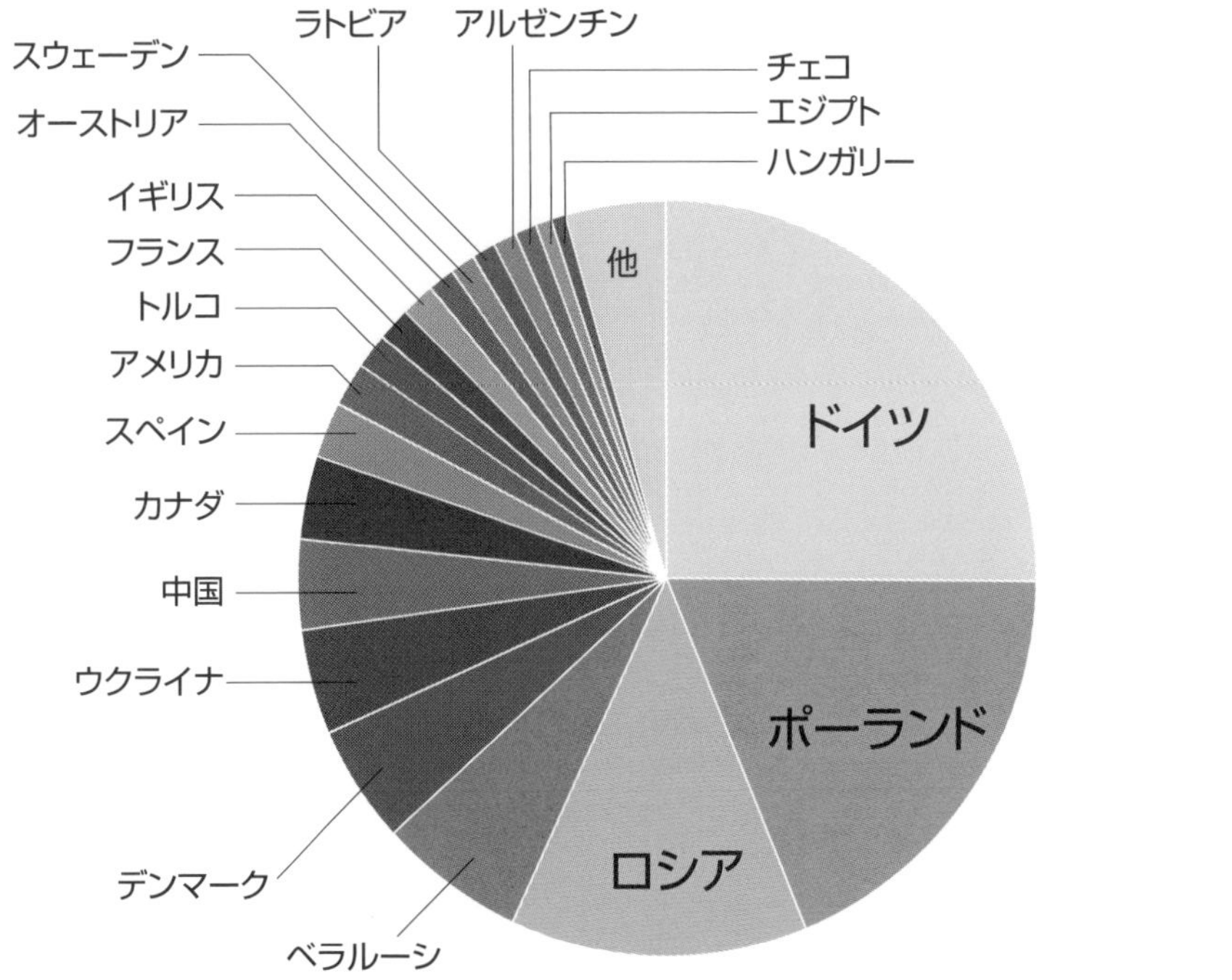

出典:FAO Stat(https://www.fao.org/faostat/en/ndata/QCL)を加工して作成

ドイツの麦類生産量(1,000トン)

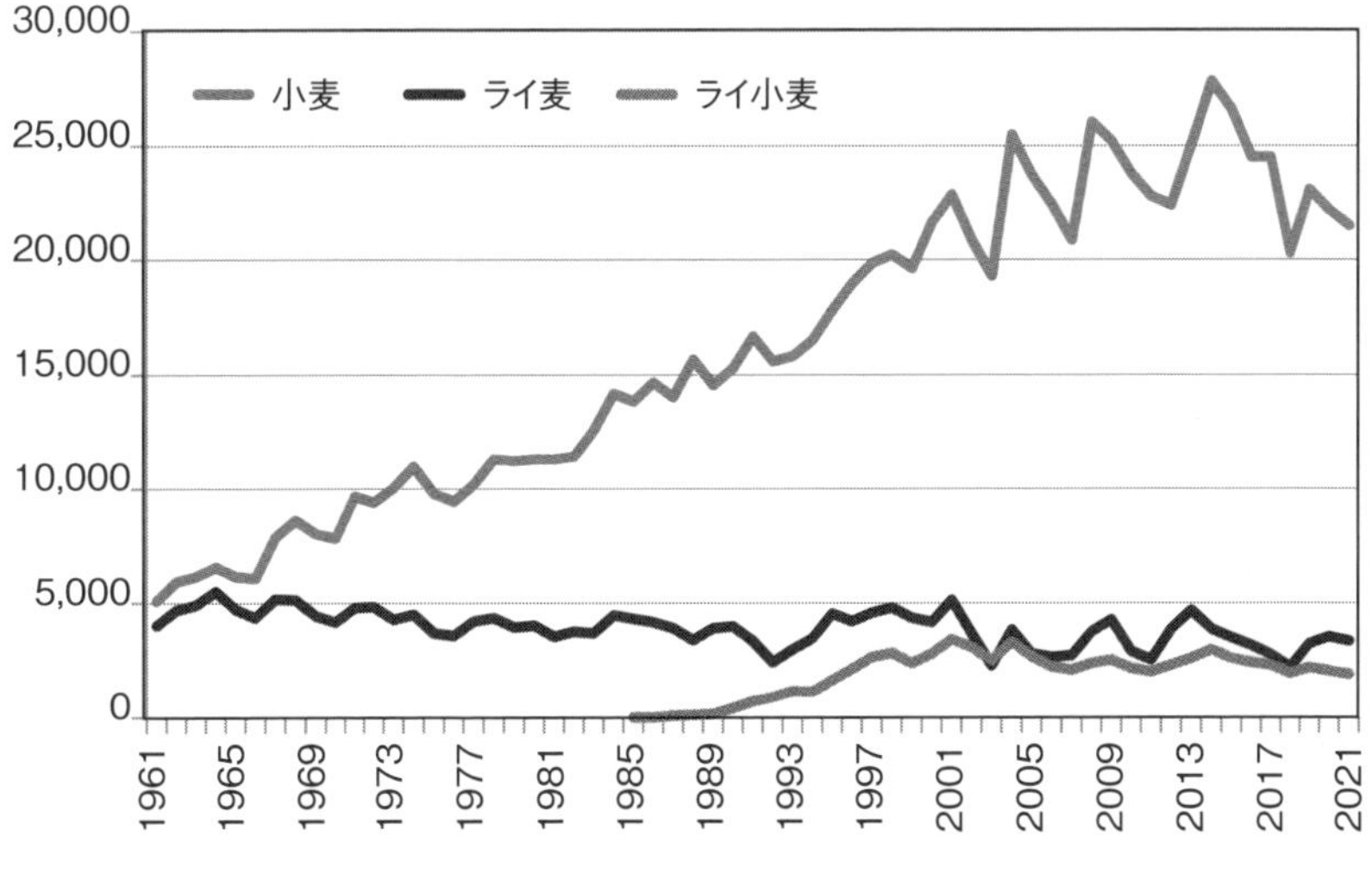

61 ご当地パン、サンフランシスコサワーブレッド

天然酵母、乳酸菌

北イタリア・コモ地方のパネトーネ、フランスのルヴァン種、ライ麦サワーブレッド、サンフランシスコサワーブレッドなど、各地の気候や風土に合った乳酸菌を多く含むサワー種を使ったパンがあります。小麦やライ麦に菌が付着し、製粉した後の小麦粉にも菌が残り、空気やパン工場にも菌がいます。

小麦粉やライ麦粉に水を加えて自然に放置すると、起こし種ができ、この種に新たに粉を加えて植え継ぐと、サワー種になります。自己流だと、望んでいない菌が生えることもあります。

サワー種の中には、主に酵母と乳酸菌が生息していて、種に使う資材と場所と水分や温度などの起こし方で菌の種類が変わってきます。菌の種類と数の状態を菌叢（きんそう）と呼びますが、菌叢は種を植え継ぐ間にも変化します。最終的に、数種類の菌に絞り込まれますが、安定した菌叢を維持するのは大変です。

一般に、サワー種の発酵力は強くなく、その由来が小麦やライ麦など穀物でも、ぶどうや果実でも同じです。果実由来だと、フルーティな香りがしたりする酵母もいますが、パンは膨らむことが大切ですから、発酵力の強さと安定性の高さの点で選びぬかれたパン酵母（イースト）の優秀さを再認識します。

サワー種の代表的な乳酸菌はサンフランシスコサワーブレッドに因むラクトバチルス・サンフランシンセンシス（Lactobacillus sanfranciscensis）で、パネトーネ、ルヴァン種、ライサワー種など幅広く見られます。他にも、ラクトバチルス・ブレビスやラクトバチルス・プランタラムなどが見つかっていますが、どの乳酸菌叢も単純でないことだけは確かです。サワー種の乳酸菌の役割は、乳酸や他の有機酸を出すことによって、①生地pHを下げ雑菌など他の菌の生育を抑制する、②パン生地成分の溶解性と物性を変える、③有機酸による味も豊かにする、などです。

要点BOX

●パネトーネ、ルヴァン種、ライ麦サワーブレッド、サンフランシスコサワーブレッドなど、各地の気候や風土に合った乳酸菌を多く使ったパンがある

サワー種の乳酸菌が作る成分と役割

成分	パンへの効果
乳酸	保湿性の改善。柔軟性の向上。タンパク質の柔軟性・伸展性を高める。乳化作用
酢酸・有機酸(他)	豊かな味の付与。pHを下げる。菌の生育抑制
ナイシン	バクテリオシンの一種。 ラクトコッカス ラクティス(Lactococcus lactis)が産生する抗菌性ポリペプチド
デキストラン	α-1,6結合でグルコースが繋がった多糖類 水に良く溶け、粘性があり、保湿性が高い 水、でんぷん、デキストリンなどと相互作用
フルクタン	フルクトースが繋がり末端にグルコースを持つ多糖類。保湿性の改善
リゾレシチン	レシチンを乳酸菌が代謝。パンの柔軟剤

※デキストランとフルクタン
Lactobacillus属、Leuconostoc属、Streptococcus属など乳酸菌によって産生される

Column

小麦の在庫

国際的な緊張をきっかけに、食料の安定確保への懸念が強まる中で、もしもの時の小麦の備えはどうなっているのでしょうか。小麦の需給については、国内産小麦では数量的または質的に満たせない需要分について、国家貿易により外国産小麦を計画的に輸入することが原則になっています。

食糧麦備蓄対策事業として、製粉企業等が外国産小麦の需要量の2・3カ月分の小麦の備蓄を行った場合、国が1・8カ月分の保管経費を助成しています。

また、不測の事態が生じた場合には、国は、製粉企業等に対して、備蓄する外国産食糧用小麦の取崩しの指示等を行います。つまり、日本の総需要量は、令和元年からの平均で年間560万トン程度、そして国内産小麦の生産量が100万トン程度と、さらに米粉用国内産米の4万トン程度を考慮する必要がありますから、万が一に備えて、(560-100-4)÷12×2・3=87万トン程度の小麦が、製粉会社の原料サイロに備蓄されていることになります。

世界の小麦の蓄えはどうなのでしょうか? 食糧の需要と供給の面からどれだけ余裕があるかを見る指標として、前年からの持越しに生産量と輸入量を加え、消費量と輸出量を引いた期末在庫が使われます。国毎ではなく世界全体だと、輸出と輸入は相殺されるので、持越しと生産量から消費量を引いた数値になります。

主要な小麦輸出国と、非輸出国の中国とインドの関連する数字を見ると、ひときわ目を引くのは、中国です。中国はほぼ1年分の非常に高水準の食糧備蓄(期末在庫)を保つ政策を取っています。インドの低い水準とは対照的です。中国は過去に政治的な原因による食糧不足を経験した歴史があります。食糧不足は国民の不安を引き起こし、政情不安の原因になってきました。それを回避して安定的な政権維持を行うためとも、アメリカなどとの緊張関係のような国際的な問題(禁輸措置への対抗)とも言われています。食料の安全保障の観点から見ると、仮に供給が途絶えたとしても1年間小麦を供給できるのは凄いことだと思います。

第8章

グルテンフリーの真実と嘘とは

62 問題はグルテンなのか？アレルギーなのか？

伸びるグルテンフリー商品

「グルテンフリー」という言葉をよく聞きます。2021年のグルテンフリー関連商品の世界市場は約60億ドル、アメリカ市場は約20億ドル（1ドル140円で換算して約2800億円）と推計され、市場が年約10％伸びているとも言われています。少し古くなりますが、アメリカの2010年のグルテンフリーの消費人口は1500万人で、1人年間に5000円のグルテンフリー関連商品を購入していた勘定になります。

グルテンフリーは、主にセリアック病という日本人には遺伝的に余り見られない腸疾患のためのグルテンを減らした食生活のことです。セリアック病は、グルテンによる自己免疫疾患で、小腸の絨毛組織が損傷を受け、栄養吸収が阻害されるため、低栄養貧血、骨粗しょう症、発育不全、大腸がんなど様々な健康上のリスクに晒されるものです。グルテンフリーと小麦アレルギーとは、混同されがちですが、対象とする範囲と濃度が異なります。基準は各国で違いますが、FDA（アメリカ食品医薬品局）は、グルテンフリーを謳う加工食品の表示基準を、グルテンが20ppm未満（20マイクログラム／グラム、100万分の20）であることを定めています。一方、小麦のアレルギー表示は法律で定められているもので、グルテンフリーをアレルギーフリーと勘違いをしないように注意する必要があります。

ジェトロが2016年3月に作成した報告書「アメリカ規制情報調査-食品におけるグルテンフリー表示規則」からアメリカのグルテンフリー食品の現状を引用すると、『グルテンフリーダイエットの流行もあり、食品業界はこぞって割高なグルテンフリー食品を続々と市場へ出し売り上げを伸ばしている』『CU（アメリカ消費者同盟）では、グルテンフリー食品は脂肪分が多くむしろ高カロリーである点や食物繊維やミネラル摂取の重要性から、ダイエット目的の使用については疑問視している』と栄養面の問題を指摘しています。

要点BOX

●グルテンフリーと小麦アレルギーとは、混同されがちだが、対象とする範囲と濃度が異なる

アメリカのグルテンを避けている人

	アメリカでの推定人口 2010年	避ける理由
ライフスタイル	1500万人	健康的だと信じている。体重管理にも利用
セリアック病	230万人	セリアック病の対処。多くの患者は未診療。増加している
他の健康状態	450万人	多くの消費者は、他の健康状態（自閉症、多発性硬化症、注意欠如・多動症、過敏性腸症候群）との相関関係があると考えている
小麦アレルギー	150万人	アレルギー対策
グルテン不耐症／過敏症	150～300万人	便秘、下痢、疲労、貧血といった複数の問題を起こす人もいる

出典：Jeffrey L. Casper and William A. Atwell （2014） Gluten-free baked products. AACC InternationalのTable 2.1を翻訳して作成

グルテンフリーの基準

	アメリカFDA	カナダ、EU、イギリス、ドイツ、フランス、豪州	日本のアレルギー表示
対象物	小麦、大麦、ライ麦、交雑物	小麦、大麦、ライ麦、燕麦	小麦
基準	20ppm	20ppm	数ppm
超低グルテン	－	100ppm	－

出典：FDA, "Gluten-Free Labeling of Foods" https://www.fda.gov/food/food-labeling-nutrition/gluten-free-labeling-foods（最終アクセス2023年7月9日）を加工して作成

63 アレルギー反応と小麦の関係とは？

アレルギーにもいろいろある

小麦を食べても多くの人は平気ですが、アレルギーの方は十分注意して、主治医と相談して食事制限や治療を行って下さい。

小麦は、穀類の中でも食物アレルギーの原因となることが多い食品と言われています。食物アレルギーの症例数が多いことから、卵、乳又は乳製品、小麦、えび、かに、そば、落花生、胡桃にアレルギーの表示義務があります。

そばは食べるだけでアレルギーが出るのに対し、小麦は食べた後で激しい運動をしたり、解熱鎮痛剤のアスピリンを飲んだりすることで発症することが多いと言われています。これは腸での吸収性が高くなり、小麦アレルゲンとなるタンパク質が体内に取り込まれやすくなるためです。

食物依存性運動誘発アナフラキシーの原因の60％が小麦との報告もあります。小麦は、うどんやパンなど主食だけでなく多くの食品の素材ですから、小麦の完全な除去は難しい課題です。

小麦の中にも、多種類のタンパク質が含まれていますが、アレルギーの原因となる主要アレルゲンは限られています。高分子量グルテニン、グリアジンなどのグルテンの構成成分よりも水溶性を持つタンパク質でもアレルゲン性が報告されています。

食物アレルギーは、食物を食べたときだけではなく触ったり、吸い込んだり、注射として体内に入ったときに、主に食物に含まれるタンパク質がアレルゲンとなって発症します。

過去には加水分解小麦を含んだ石鹸の使用により、皮膚のバリア性が弱くなり、皮膚または粘膜から石鹸中の小麦タンパク質の感作を受け、小麦製品摂取後のアレルギーや小麦依存性運動誘発アナフィラキシーを起こしたりする事例も発生しています。アレルギー体質の方は、必ず医師の診察を受け、適切な治療・指導を受けるようにして下さい。

要点BOX

- ●小麦は、穀類の中でも食物アレルギーの原因となることが多い食品
- ●食物依存性運動誘発アナフラキシーの原因

小麦のアレルギー感作と反応

アレルギー感作

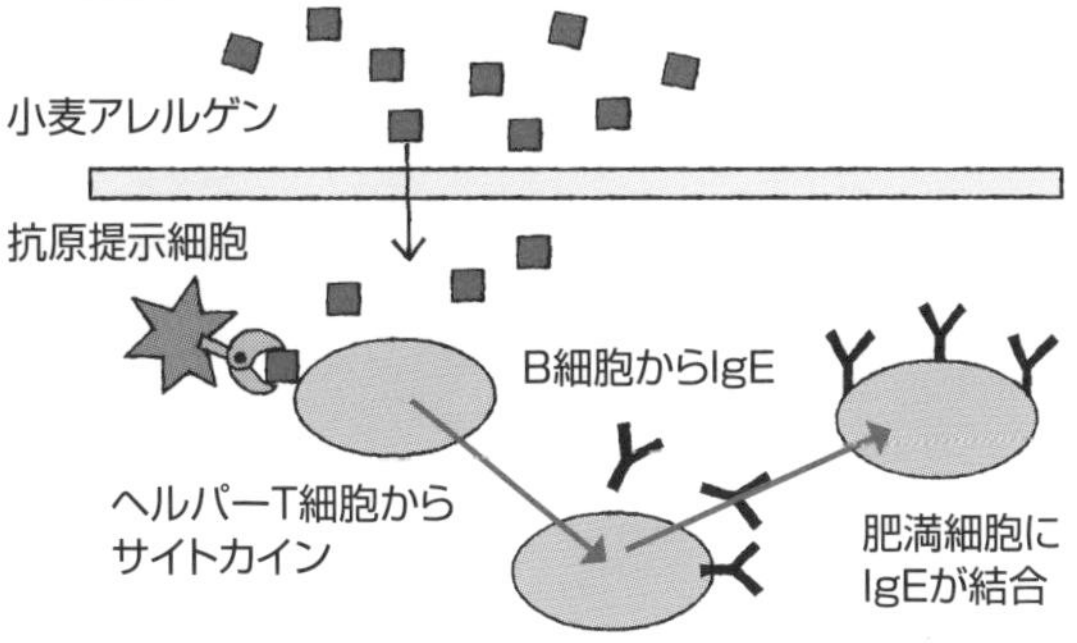

アレルギー反応

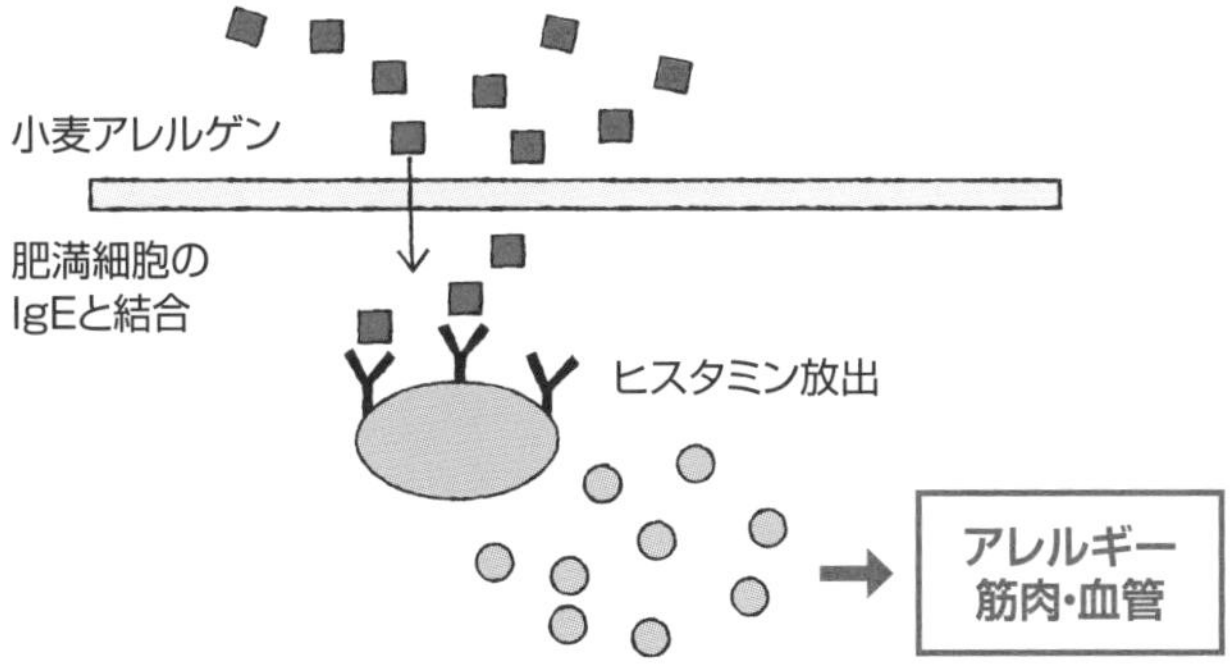

グルテン構成タンパク質

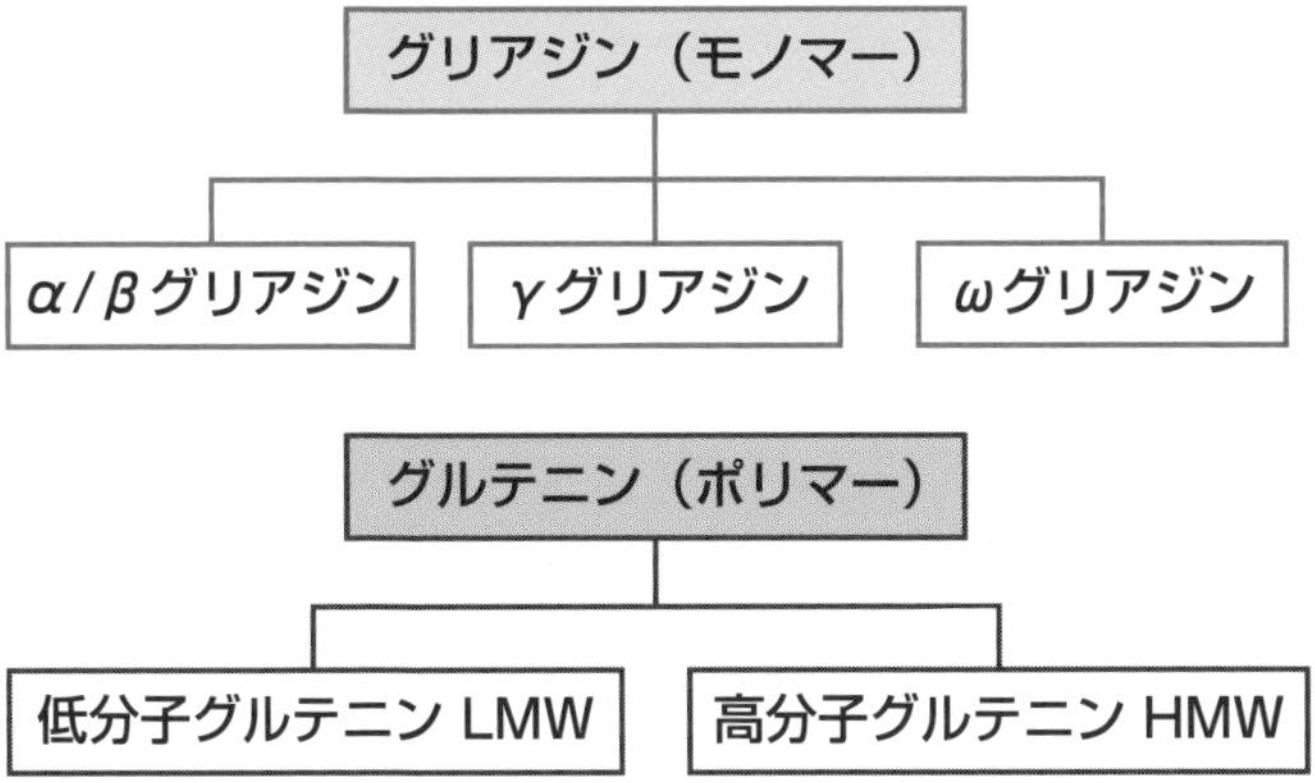

64 小麦のアレルギーとは？

身体の防衛反応

食物を食べて、食物が抗原となる免疫学的反応によって起きる障害が食物アレルギーです。体の中に入ってきた異物に対して防衛しようとする働きの一種であり、異物が抗原となり、抗体が作られます。その後、異物（アレルゲン）が入ってくると、抗体が働いて体を異物から守ることができます。

一方で、アレルギー反応は、異物に対して過敏な反応を起こし、血圧の低下や呼吸困難などの障害を起こすことがあります。自分が食べるものの中に、アレルゲンが含まれるか否かを知るために、食品中に含まれるアレルギー物質の表示が重要となります。食品表示基準では、法令上表示を義務付ける8品目（特定原材料）と表示を推奨する20品目（特定原材料に準ずるもの）が定められています。小麦は、表示義務のある特定原材料です。

小麦粉は色々な食品の原材料として使われていますので、商品の表示をよく見て、小麦が含まれているか否かを確かめるとよいでしょう。また、小麦粉を原材料として使用していない食品であっても、「本品製造工場では小麦を含む製品を生産しています」のような注意喚起表示が書いてあることがあります。他の製品が混入しないよう十分に洗浄するなどの対策の実施を徹底しても、製造中にコンタミネーション（混入）の発生する可能性を完全に排除できない場合には表示することが認められています。

アレルギーで問題にしている小麦の量は、とても少なく、消費者庁のQ&Aでは、アレルギー症状を誘発する抗原量に関しては、1グラム当り数マイクログラム（数ppm）ではアレルギーの誘発には個人差があり、ナノグラムグラム含有レベル（数ppb）で、ほぼ誘発しないと考えられるとして、最終製品における個々の特定原材料等の総タンパク質量が数マイクログラム含有レベルに満たない場合は、表示の必要性はないこととしています。

要点BOX
- アレルギーで問題にしている小麦の量は、とても少ない

食物アレルギー表示対象品目

表示	用語	品目
義務	特定原材料 （8品目）	えび・かに・くるみ・小麦・そば・卵・乳・落花生（ピーナッツ）
推奨	特定原材料に準ずるもの （20 品目）	アーモンド・あわび・いか・いくら・オレンジ・カシューナッツ・キウイフルーツ・牛肉・ごま・さけ・さば・大豆・鶏肉・バナナ・豚肉・まつたけ・もも・やまいも・りんご・ゼラチン

出典：消費者庁、加工食品の食物アレルギー表示ハンドブック（https://www.caa.go.jp/policies/policy/food_labeling/food_sanitation/allergy/assets/food_labeling_cms204_210514_01.pdf、最終アクセス2023年7月13日）
食品表示基準Q&A （最終改正令和5年6月29日消食表第344号）別添 アレルゲンを含む食品に関する表示 （https://www.caa.go.jp/policies/policy/food_labeling/food_labeling_act/assets/food_labeling_cms201_230309_15.pdf、最終アクセス2023年7月13日）
を加工して作成

食物アレルギー表示の対象

対応	対象
表示の対象範囲	• 容器包装されたアレルゲンを含む加工食品及び添加物
表示の対象としていないもの	• 容器包装に入れずに販売する食品（ばら売りや量り売りなど） • 設備を設けて飲食させる食品（飲食店で提供される食品、出前など） • 酒類（食品製造時に使用されるアルコールも含む）

65 小麦粉がかかわるセリアック病とは？

グルテンと遺伝

小麦を食べて下痢になる内のひとつの原因としてセリアック病という自己免疫疾患があります。遺伝子的な感受性を持った人だけが発症し、アメリカでは人口100人当り1人程度が患者と推定されています。日本人は特定の遺伝子を持たないので症例は極わずかです。セリアック病が疑わしい場合は専門医の診察を受けることが望まれます。

小麦の貯蔵タンパク質は消化されにくい性質を持っています。グリアジンが十分に消化されずに小腸に達すると、繊毛組織に吸着し、上皮細胞にゾヌリン（Zonulin）の分泌を促します。

小腸の上皮細胞はタイトジャンクションと呼ばれる構造で周囲の上皮細胞と接着して、免疫反応を引き起こす大きな分子の通過を阻んでいます。分泌されたゾヌリンは、上皮細胞の受容体に結合し、タイトジャンクションの構造をゆるめ、消化されずに残ったグリアジン断片などが粘膜内に入り込みます。組織トランスグルタミナーゼでグリアジン断片のグルタミンがグルタミン酸となり構造が変化します。構造変化したグリアジン断片は抗原提示細胞によりヒト主要組織適合性抗原（HLA）と結合して、ヘルパーT細胞に対して抗原提示されます。このHLAには遺伝子的な型があり、DQ2とDQ8の何れか持っていることが、セリアック病が発生するための必要条件になっています。

セリアック病患者の遺伝子型は、95%がLHA-DQ2で、5%がLHA-DQ8と言われています。グルテンがあっても、LHA-DQ2とLHA-DQ8の遺伝子型がないとセリアック病になりません。この遺伝子型を持つ人は、欧米人では30～40%程度、日本人では0・6～1%程度、と言われています。

また、タイトジャンクションの透過性も個人差があり、患者さんは女性の方が多く、その子供の発病率も高くなっています。

要点BOX

- セリアック病は自己免疫疾患で、遺伝子的な感受性を持った人だけが発症
- 欧米人で30～40%程度、日本人では0・6～1%程度

セリアック病のメカニズム(イメージ)

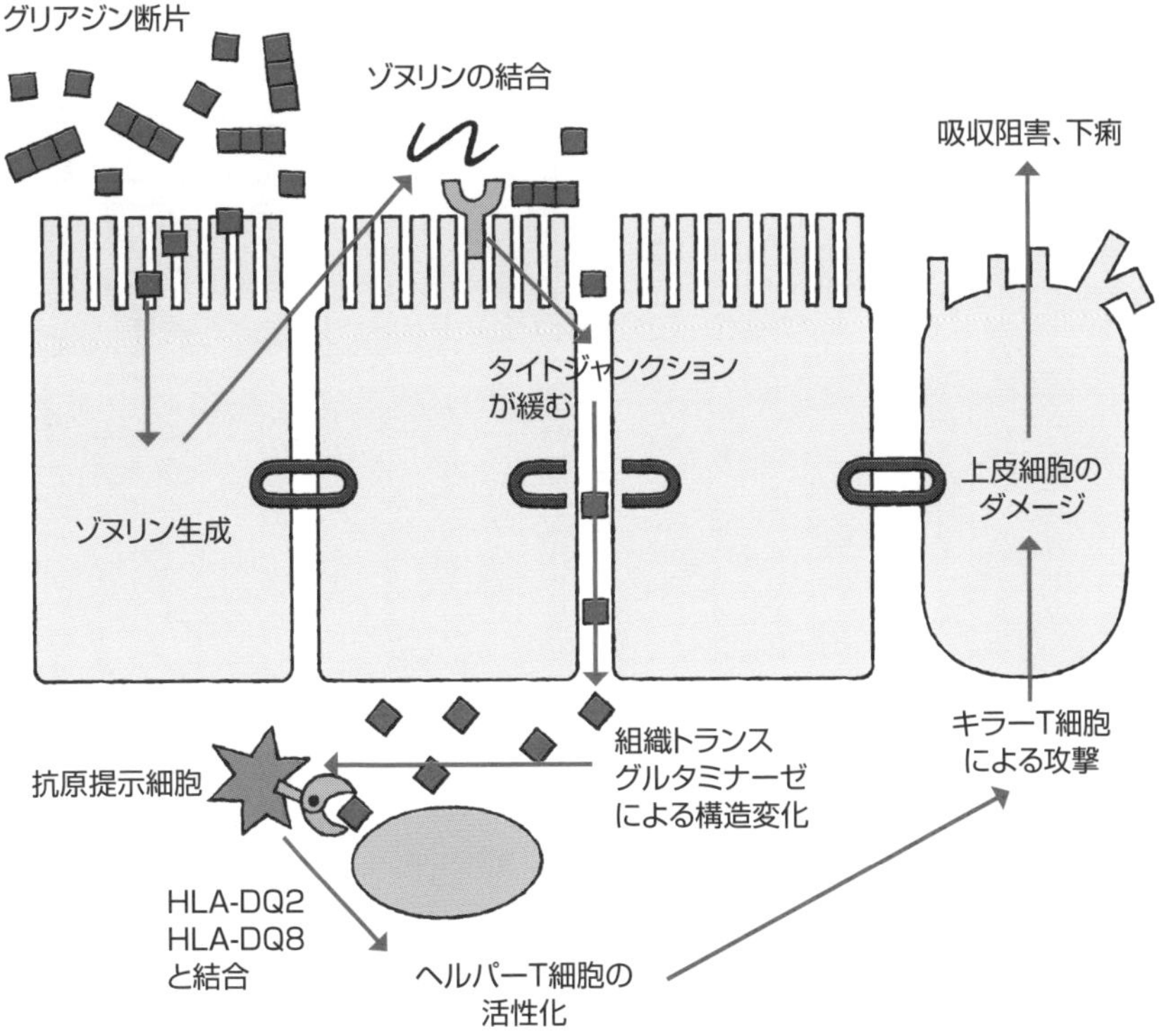

66 誤解されるグルテンフリーとダイエットの関係①

グルテン

グルテンフリー商品は、セリアック病のために作られたものでしたが、グルテンフリーをダイエットに結びつけた話が散見されます。グルテンを取らないこととダイエットとは関係は薄く、アメリカの穀物科学会でも、グルテンフリーはセリアック病に関連した科学の面と、ファッション的ライフスタイルとしての経済的市場の面と、二面で取り上げられてきました。セリアックに関連した小麦グルテンの消化性に触れたいと思います。

グルテンの一部は消化されずに、腸まで届きセリアック病の原因となることは、別項目でも記述しました。タンパク質を分解する酵素が、グルテンに結合して初めて分解されるので、グルテンが膨潤しているようなときは分解されやすく、緻密な構造を保っているときは分解されにくく、加工形態で消化性に幅があると言えます。時々、グルテンは人工的に作られたタンパク質といわれることがありますが、交配と選抜を繰返して現在の小麦品種が生まれているだけで、グルテンの基本構造や消化性は昔から何も変わっていません。イノシシからいろいろな種類の豚が生まれたのと似ています。

栄養の視点からしっかり調理して、小麦粉を含むいろいろな食品を摂取することが大切です。家庭科で習い、栄養学の教科書にも書いてあることですが、偏食のない食生活をすることが一番で、適度な運動も必要ですし、規則的な食事も必要です。栄養学の教科書の原則に沿った食生活を念頭において自分に合ったダイエットを選ぶことが基本となります。

いろいろな種類のダイエットがあり、極端で人目を引くものもありますが、たまたま効果があったものかもしれませんし、個人的な要因で効果があったものかもしれません。フードファディズムや疑似科学と目くじらを立てずに、それはそれとして、身体に負担を掛けない程度に、余裕を持ってファッションとして楽しまれるのが良いように思います。

要点BOX

●グルテンを取らないこととダイエットとは関係は薄い

構造と酵素の関係（イメージ）

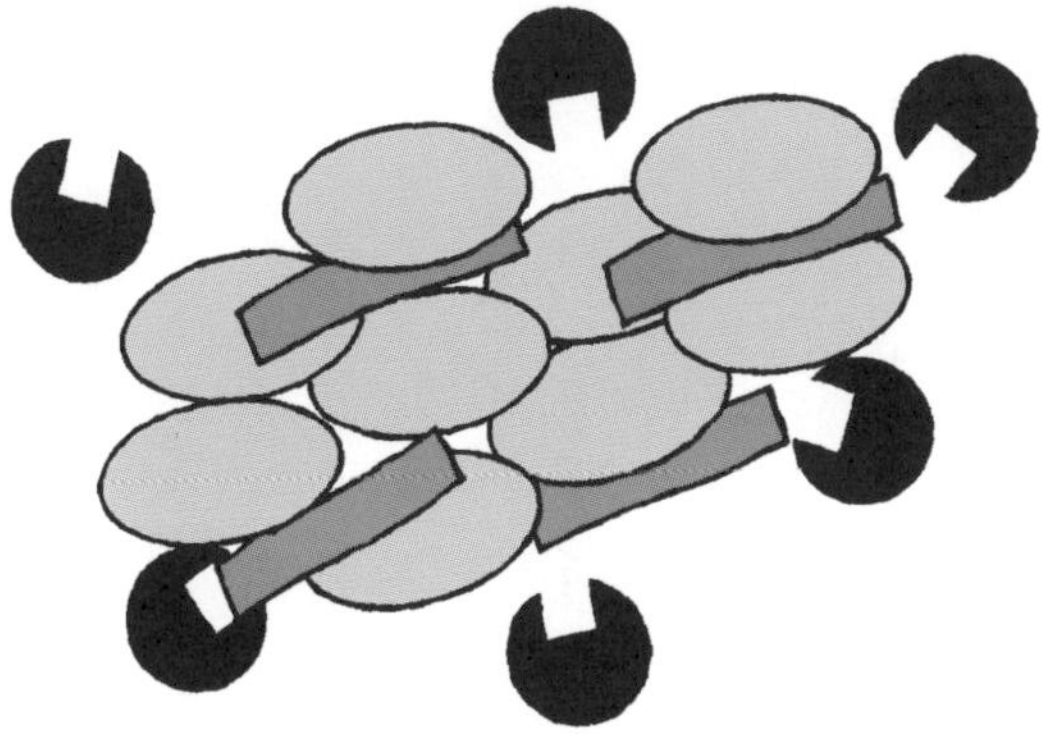

構造が密だと、酵素が基質に結合しにくい

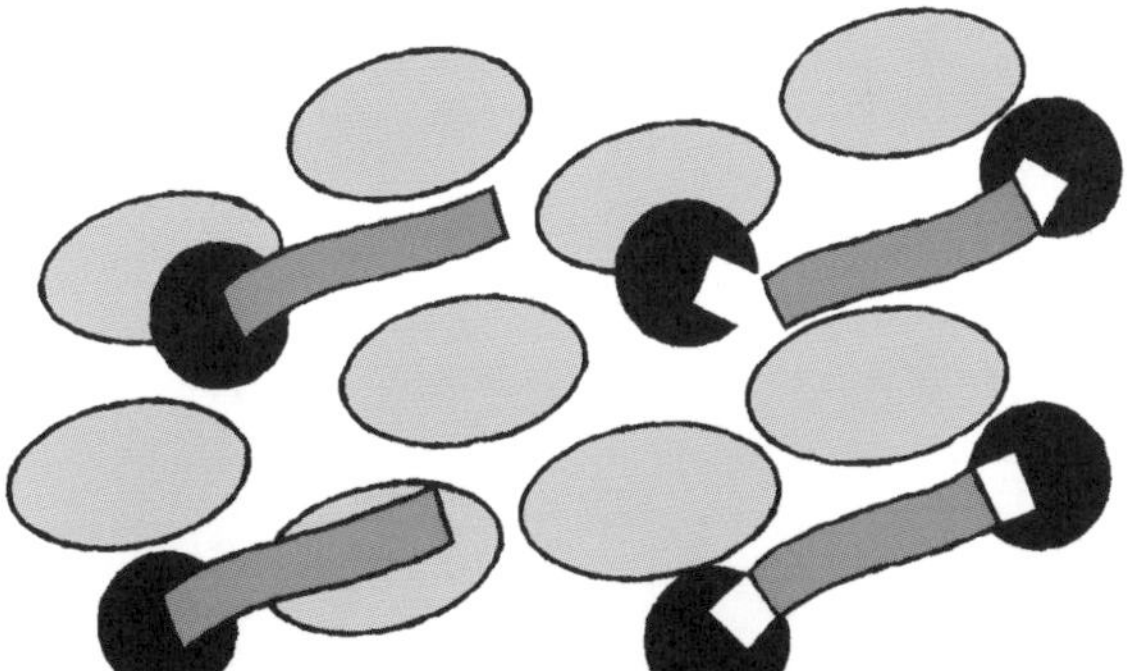

構造が疎だと、酵素が基質に結合しやすい

67 誤解されるグルテンフリーとダイエットの関係②

糖質

グルテンフリーをダイエットに結びつけ、糖質・でんぷんの消化性に関連した話が見られます。そこでここでは小麦粉の血糖値と消化性に触れます。小麦粉食品の血糖値の上昇は早いのでしょうか、遅いのでしょうか。グルテンダイエットでは、両方の記述が見られます。FAO／WHOが出している食後血糖値の上昇度を示す指標にグリセミック・インデックス（Glycemic Index、略称GI）というものがあります。

GIは、糖質が多い食品での比較であり、糖質が多い食品と少ない食品の比較ではありません。同じような糖質の量を比較して、GIが高い食品は摂取後に血糖値が上昇しやすく、GIが低い食品は摂取後に血糖値が上昇しにくい食品であるという目安になります。

糖質の構成によってGIに違いが生じます。でんぷん質の食品は、消化酵素によってマルトースやグルコースに分解されるので、食パン、米飯、ジャガイモなどは高GIになりやすく、でんぷん質でない果物はフルクトース（果糖）が多く、低GIになりやすい傾向があります。

また、食品の構造の視点から見ると、消化酵素は分解する対象物（基質）と接触して働きますから、細かく膨潤している食品は、酵素が働きやすく高GIになり、組織が大きく緻密な構造の食品は酵素が働きにくく低GIになりやすい傾向があります。さらに、脂質があると消化酵素が働きにくくなったりします。同じような食品でも、原材料でGIは異なり、脂質などの副資材でも、加工方法によっても異なります。ある研究のGI値を見ると、玄米68、白米73、食パン75、うどん55、スパゲッティ49でした。

グルテンを持つ小麦粉製品だから、血糖値が上がりやすい・上がりにくい、と決めつけることはできず、その食品の原料や加工状況を考慮して判断する必要があります。

要点BOX

●グルテンを持つ小麦粉製品だから、血糖値が上がりやすいと決めつけることはできず、その食品の原料や加工状況を考慮して判断する必要あり

グリセミックインデックス(GI)の計算式

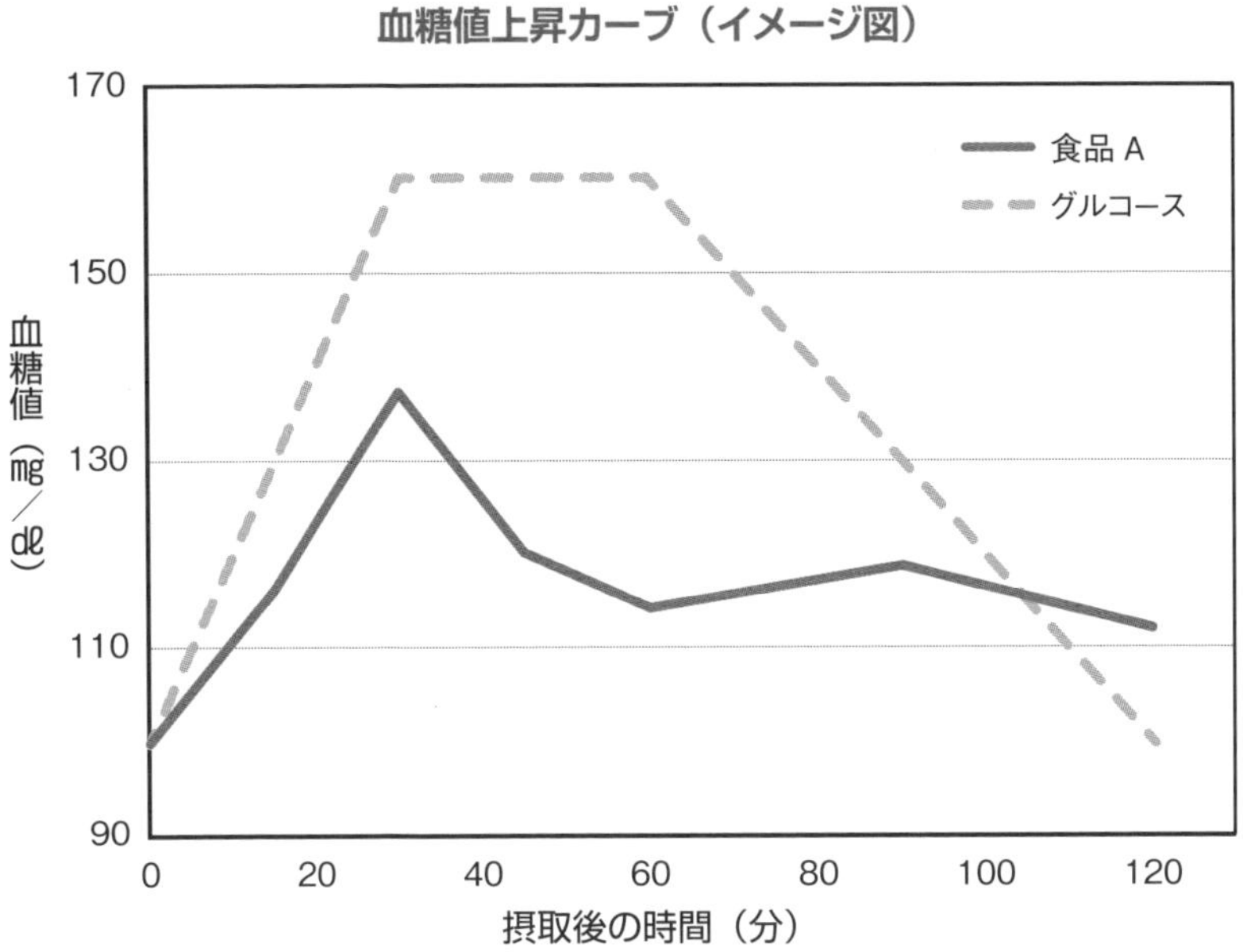

グリセミック・インデックス(GI)＝
(食品の糖質50グラム摂取時の血糖値上昇カーブの面積)÷
(グルコース50グラム摂取時の血糖値上昇カーブの面積)×100

図は、GIを理解するための血糖値上昇カーブのイメージです。
食品 A の面積が2160mg/dL·min 、
グルコースの面積が 4500mg/dL·min、
とすると、GI値は 2160÷4500×100=48 となります。

用語解説

GI：糖質を含む食品摂取後の血糖値の変化を測定して、血糖上昇の度合いを基準食に対する相対値で示したもの。健常者がグルコース(ブドウ糖)50グラムを摂って食後2時間までの血糖値の累積上昇量(上昇カーブが描く面積)に対する糖質 50グラムを含む食品の描く累積上昇量の割合になる。

【参考文献】

・『タネをまく縄文人最新科学が覆す農耕の起源』、小畑弘己、吉川弘文館、２０１６年１月
・『ここまでわかった！縄文人の植物利用』、工藤雄一郎・国立歴史民俗博物館編、新泉社、２０１４年１月
・『小麦粉の魅力－豊かで健康な食生活を演出』、製粉振興会、２００８年８月
・『小麦粉－その原料と加工品－改訂第４版』、日本麦類研究会、２００７年２月
・『めんの本』、小田聞多、食品産業新聞社、２０１３年７月
・『電子レンジを活用した調理－加熱特性を知り健康を支援する』、肥後温子・村上祥子、建帛社、２０２０年２月
・『ふくらむ加熱調理－コロッケのはれつ・ドーナツのきれつ－』、長尾慶子、建帛社、２０２２年８月
・『おもしろサイエンス小麦粉の科学』、大楠秀樹、日刊工業新聞社、２０１７年９月
・『日本人の食事摂取基準（２０２０年版）』、厚生労働省ＨＰ
https://www.mhlw.go.jp/content/10904750/000586553.pdf　（最終アクセス：２０２３年７月１日）
・『日本食品標準成分表２０２０年版（八訂）』、文部科学省ＨＰ
https://www.mext.go.jp/a_menu/syokuhinseibun/mext_01110.html　（最終アクセス：２０２３年７月１日）

今日からモノ知りシリーズ
トコトンやさしい
小麦粉の本

NDC 619.3

2023年10月30日　初版1刷発行

©著者　大楠 秀樹
発行者　井水 治博
発行所　日刊工業新聞社
東京都中央区日本橋小網町14-1
(郵便番号103-8548)
電話　書籍編集部　03(5644)7490
販売・管理部　03(5644)7403
FAX　03(5644)7400
振替口座　00190-2-186076
URL　https://pub.nikkan.co.jp/
e-mail　info_shuppan@nikkan.tech
印刷・製本　新日本印刷(株)

●DESIGN STAFF
AD————志岐滋行
表紙イラスト————黒崎　玄
本文イラスト————榊原唯幸
ブック・デザイン——矢野貴文
(志岐デザイン事務所)

●
落丁・乱丁本はお取り替えいたします。
2023 Printed in Japan
ISBN　978-4-526-08298-6　C3034

●著者紹介
大楠 秀樹(おおくす ひでき)

株式会社ニップン フェロー
1986年　九州大学大学院農学研究科修士課程修了。同年、日本製粉株式会社(現 株式会社ニップン)入社。執行役員・中央研究所長を経て、現職。米国穀物化学会(CGA)会員、米国化学会(ACS)会員、他。
「Wheat milling and flour quality analysis for noodles in Japan, Asian Noodles: Science, Technology, and Processing, edited by Gary Hou」(共著、John Wiley & Sons、2011)、「小麦の品質と一次加工　農業技術大系・作物編・第四巻ムギ 2007年版」(共著、農文協、2007)、「小麦粉及び副製品、小麦粉ーその原料と加工品ー 改訂第4版」(共著、日本麦類研究会、2007)、「おもしろサイエンス小麦粉の科学」(単著、日刊工業新聞社、2017)、「製パンに於ける穀物 分子コロイド的手法」(共訳、瀬口正晴研究会、2018)他。